职业教育旅游专业教学用书

# 中国饮食文化（第3版）

主 编 陈 波

副主编 钟 林 雷 鸣 肖 蕾

电子工业出版社·

**Publishing House of Electronics Industry**

北京·BEIJING

## 内 容 简 介

本书主要包括中国饮食文化概论、中国菜点的风味流派、中国菜点的层次构成、中国菜点的美化与审美、中国饮文化、中国饮食民俗、饮食文化与旅游七个方面的内容。本书以普及饮食文化知识为核心，注重学生饮食文化旅游导游讲解能力的培养，力争做到图文并茂。

本书可作为职业教育旅游专业的教材，也可作为烹饪专业的教材，还可作为旅游行业人员的自学参考书。

本书配有电子教学参考资料包，包括教学指南、电子教案和习题答案。

**图书在版编目（CIP）数据**

中国饮食文化/陈波主编. —3 版 . —北京：电子工业出版社，2021.7

ISBN 978-7-121-41634-7

Ⅰ. ①中… Ⅱ. ①陈… Ⅲ. ①饮食－文化－中国－中等专业学校－教材 Ⅳ. ①TS971.2

中国版本图书馆 CIP 数据核字（2021）第 143567 号

责任编辑：徐　玲　　文字编辑：张　彬

印　　刷：大厂回族自治县聚鑫印刷有限责任公司

装　　订：大厂回族自治县聚鑫印刷有限责任公司

出版发行：电子工业出版社

　　　　　北京市海淀区万寿路 173 信箱　邮编 100036

开　　本：787×1 092　1/16　印张：10　字数：268.8 千字　彩插：4

版　　次：2010 年 2 月第 1 版

　　　　　2021 年 7 月第 3 版

印　　次：2023 年 10 月第 6 次印刷

定　　价：35.00 元

# 前　　言

本书第 1 版自 2010 年 2 月出版以来，被多所职业院校所使用，为了满足新形势下的需要，2016 年，我们在第 1 版的基础上，组织力量进行了修订。第 2 版也已经过五年多的时间检验，部分数据、案例、知识链接已经落后于时代，因此编者进行第 3 次修订。

本次修订内容主要涉及以下方面。

（1）数据更新：将教材中所有涉及的数据更新为较新数据，确保数据的准确性和权威性。

（2）案例更新：将教材中部分略显陈旧的案例替换为新案例，让案例更符合时代发展的要求。

（3）结构更新：对原目录结构进行调整、优化，由原来的五个章节扩展为七个章节，使结构更为规范。

（4）内容更新：增加了中国饮食名人与名菜、新型冠状病毒肺炎疫情对饮食习惯的影响与改变；删除了菜品的烹制方法。

第 3 版由陈波担任主编并负责统稿，钟林、雷鸣、肖蕾担任副主编。第一章、第五章由武汉市旅游学校的雷鸣负责修订，第二章、第六章由武汉市旅游学校的肖蕾负责修订，第三章和第四章由湖北省秭归县职教中心的钟林负责修订，第七章由武汉市旅游学校的陈波负责修订。

为了方便教师教学，本书还配有教学指南、电子教案及习题答案（电子版），请有此需要的教师登录华信教育资源网免费注册后进行下载，有问题时可在网站留言板留言或与电子工业出版社联系（E-mail：hxedu@phei.com.cn）。

在此次修订过程中，我们参阅了同类教材及诸多的书籍、报刊，也引用了一些网络资源，在此，对各位作者、专家、学者表示感谢。

编　者
2021 年 5 月

# 目　　录

# 第一章　中国饮食文化概论

## 第一节　饮食的起源

 **典故导入**

### 神农尝百草的传说

继伏羲氏之后，神农氏（见图1-1）是又一个对中华民族颇多贡献的传说人物。因为他发明了农耕技术，因此人们称他为"神农氏"。

图1-1　神农氏

那时候，因为动物或凶猛或灵活，难以捕捉，导致食物缺乏，饥肠辘辘的人们将进食的目标放到了容易采摘的植物身上。殊不知，以植物为食物的风险并不比以动物为食物的风险小。那时的人们经常因乱吃东西而生病，甚至丧命。神农为此决心尝遍百草，能吃的放在身体左边的袋子里，介绍给别人吃；不好吃的放在身体右边的袋子里，当药用；不能吃的就提醒人们注意别吃。

【**想一想**】
原始人类以动物或植物为食物各存在什么样的风险？

## 一、食物的来源

人类早期的历史，是一部以开发食物资源为主要内容的历史。人类的食物来源有哪些呢？人类食物的早期来源不外乎动物和植物。

古人类是一群群、一代代饥饿的猎民。为了维持自己的生存，人类要与形体和力量远远超出自己的各种动物搏斗，庞大的犀牛、凶猛的剑齿虎、残暴的鬣狗，都曾经是人类的腹中之物。其他温顺柔弱的禽兽，还有江河湖沼的鱼虾螺蚌，就更逃脱不了这些原始的猎人和渔人的搜寻了。

除动物外，古人类更可靠的食物来源是什么呢？是植物，是长在枝头、结在藤蔓、埋在土中的各类果实和野蔬。在连这些果蔬一时也寻觅不到的时候，人类不由自主地把注意力转向植物的茎秆花叶，选择品尝那些适合自己胃口的东西。不知通过多少代的尝试，也不知付出了多少生命的代价，人们才筛选出一批批可食用的植物及其果实。

## 二、饮食方式的改变

纵观人类的饮食历史，大致经历了两个阶段：一是生食时代，二是火食时代。人类最初的饮食方式，自然同一般动物并无多大区别，还不知烹饪为何物，获得食物时，生吞活剥，古人谓之"茹毛饮血"。《礼记·礼运》说："昔者先王未有宫室，冬则居营窟，夏则居橧巢。未有火化，食草木之实、鸟兽之肉，饮其血，茹其毛。"

人类也并不甘愿长久生食，当他们认识了火以后，就跨入了一个新的饮食时代，这便是火食时代。掌握了用火技能的人类，接着又发明了取火和保存火种的方法，这样就有了光明，有了温暖，也有了熟食。

火的使用，使腥臊难咽的肉类变成了可食之物，增加了食物来源；改变了食物的内部结构，使其更有利于人体吸收；火有消毒杀菌的作用，这就使熟食比生食更卫生，从而减少了肠胃疾病，进而增强了人类的体质。

【小知识】

### 钻木取火

在火成了必不可少的生产和生活资料以后，人类又发明了一些人工取火的方法，可以创造出火种来。在中国文化传说中，流传较广的人工取火故事便是"钻木取火"了：上古时代，人们因生食而伤胃生疾，于是便"有圣人作，钻燧取火以化腥臊，而民说（yuè）之，使王天下，号之曰燧人氏"。钻木取火如图1-2所示。

图1-2　钻木取火

### 三、饮食与烹饪的关系

饮食，为名词时指各种饮品和食物，为动词时则指吃什么、喝什么，以及怎么吃、怎么喝。饮食可以包括三个部分：一是饮食原料的加工生产；二是制成的产品；三是对饮食食品的消费，即吃与喝。

烹饪实际上是指进入火食时代后，用火做熟食物。《周易》第五十卦鼎卦 ☰ 表示"巽下离上：以木巽火，烹饪也。"这句话的意思是，鼎下面的木材在风的作用下燃烧，把鼎里的食物煮熟。

按《集韵》中的解释：烹，煮也。因此，"烹"就是煮的意思，"饪"就是熟的意思。狭义地说，烹饪是对食物原料进行热加工，将生的食物原料加工成熟食。

可以这样说，饮食和烹饪是"二位一体"的，正是因为有了烹饪，人类的食物才从本质上区别于动物的食物，才有了文化可言。

# 第二节　饮食文化

典故导入

### 黄瓜的来历

黄瓜原名为"胡瓜"，起源于印度，是汉朝张骞出使西域时带回的。后赵王朝的建立者石勒制定了一条法令：无论说话、写文章，一律严禁出现"胡"字，违者问斩不赦。

有一天，石勒召见地方官员，当他看到襄国郡守樊坦穿着打了补丁的破衣服来见他时，很不满意，便问道："樊坦，你为何衣冠不整就来朝见？"樊坦慌乱之中随口答道："这都怪胡人没道义，把衣物都抢掠去了，害得我只好褴褛来朝。"他刚说完，就意识到自己犯了禁，急忙叩头请罪；石勒见他知罪，也就不再指责。等到召见后例行"御赐午膳"时，石勒又指着一盘胡瓜问樊坦："卿知此物何名？"樊坦看出这是石勒故意在考他，便恭恭敬敬地回答道："紫案佳肴，银杯绿茶，金樽甘露，玉盘黄瓜。"石勒听后，满意地笑了。

由此以后，胡瓜就被称为"黄瓜"，在朝野之中传开了。到了唐朝，黄瓜已成为南北方常见的蔬菜。

【想一想】

除了我们熟知的黄瓜、西红柿、辣椒外，你还知道哪些常见的烹饪原料来自国外？

## 一、文化

"文化"在汉语中实际是"人文教化"的简称。前提是有"人"才有文化，意即文化是讨论人类社会的专属语。

文化的定义层出不穷，文化的概念最早是英国人类学家爱德华·伯内特·泰勒在1871年提出的，到20世纪50年代末期就有了100多个文化的定义。文化的概念分为广义的和狭义的两种。

广义的文化是指人类在社会历史发展过程中所创造的物质财富和精神财富的总和，特指精神财富。

狭义的文化是指排除人类社会历史生活中关于物质创造活动及其结果的部分，专注于精神创造活动及其结果，所以又被称为"小文化"。

## 二、饮食文化的形态

综合饮食的概念和文化的概念，可以得出：饮食文化是指人类在食物的生产、消费中所创造的一切现象，包括物质形态和精神形态两个方面。

物质形态的饮食文化包含：① 烹饪原料文化；② 烹饪工具文化；③ 饮食产品文化；④ 餐具文化；⑤ 进餐场所文化；等等。

精神形态的饮食文化包含：① 烹饪技艺文化；② 食俗食礼文化；③ 饮食消费文化；④ 饮食心理文化；⑤ 饮食意识文化；⑥ 饮食销售文化；等等。

## 三、中国饮食文化的起源与发展

**1. 萌芽、形成时期**

从史前的旧石器时代到奴隶社会结束是饮食文化的萌芽、形成时期。在这一时期，饮食文化的发展主要以物质形态的文化为主。

（1）火的利用和人工取火的发明

在原始社会时期，古人类以石器为主要工具，生产力十分低下，主要以采集和渔猎的方式来获得食物，处于生食状态。经过漫长的岁月，人类慢慢懂得了利用自然火，并进一步发明了人工取火。

（2）烹饪工具的发明和不断发展

人类最初利用火制作熟食时并没有使用烹饪工具，而是直接将食物原料放在火上烤或者放在火灰中烧，也就是我们通常所说的"烧烤"。在这个过程中，人类慢慢地发现，用泥做成的容器，经过火长时间的烧烤后，会变得坚硬且不漏水，可以长时间使用，这样，陶器就出现了，再随着时间的推移，炉灶也出现了。到了奴隶社会时期，青铜器的出现，使炊具和食具的分工也逐渐明确了，食具越来越精美。除了陶器外，还有了漆器、木器、象牙器等各种材质的器皿。

（3）调味品的使用

如果说火的使用标志着人类进入了文明社会，那么盐的使用则标志着烹饪真正走上了文化之路。盐的使用在饮食史上是继火的使用之后的第二次重大突破。熟食再加上各种调味品，人类所吃的食物的味道才开始丰富多彩起来，各种饮食产品也空前丰富了。

【小知识】

### 盐 的 功 效

《红楼梦》中记载贾宝玉有着每天早上用盐擦牙的习惯。

盐为什么能用来刷牙？因为盐不但能稳固牙齿，还具有保健作用。在我国南朝梁代陶弘景的《名医别录》中，就记载了食盐具有清火、凉血、解毒的作用。按照中医的理论，食盐味咸，咸入肾，齿为骨之余，肾又主骨，所以，食盐能稳固牙齿。牙齿疼痛或者牙龈出血的时候，直接将食盐撒在疼痛处或出血处，有助于消炎止痛、解毒凉血。也可以用湿牙刷蘸些食盐，每天

早晚或者吃完东西后刷一刷牙，可以促进整个口腔的健康和卫生。

但是食盐只能辅助治疗口腔疾病，不能代替看医生和用药。

（4）烹饪技艺不断进步

在原始社会初期，人类的烹饪方法主要是烧烤和水煮，进入奴隶社会后，在此基础上增加了油烹和勾芡等方法，而且厨师的刀工技艺也达到了相当高的水平。成语"游刃有余"就是出自战国时期《庄子·养生主》中的《庖丁解牛》一文。

（5）饮食市场初步形成

进入奴隶社会后，由于生产力迅速发展，剩余产品促进商品贸易大量出现，奔走于各地进行贸易的商人越来越多，饮食市场需求随之出现。姜太公"屠牛于朝歌，卖饮于孟津"的故事，说明在商周时期已经存在饮食市场了。

2．发展、成熟时期

这一时期是从秦代到明清时期开始直至封建社会结束时为止。铁制炊具的使用，标志着中国烹饪进入了高速发展的时期，直到明清时期中国烹饪达到了成熟阶段。在这一时期，饮食文化除了物质形态进一步发展外，以烹饪专著为代表的精神形态的饮食文化也迅速发展起来。

（1）烹饪原料进一步拓展

秦建立统一的封建王朝后，生产力得到质的飞跃，出现了许多新的烹饪原料，特别是随着中外文化交流的深入，出现了大量的西方烹饪原料，比如黄瓜、西红柿、辣椒等，给中国饮食文化的发展提供了新的物质基础。

（2）烹饪工具的新发展

在西汉时期，铁制器皿得到了普及，铁锅与铁制刀具为烹饪方法和刀工技艺的发展提供了物质基础。同时，瓷器的出现，使得瓷制餐具成为常用的餐具。至此，烹饪美学中的色、香、味、形、器五大要素均已具备。

（3）烹饪技艺日趋成熟

在秦汉时期以后，烹饪分工有红案、白案、炉工和案工四种。正是因为分工的精细，使得各种烹饪技艺不断出现，烹饪技艺日趋成熟。炒、爆、熘、炸、烹、煎、贴、烧、焖、炖、蒸、汆等各种烹饪技法被广泛使用。

（4）烹饪理论著作丰富多彩

这一时期，各种烹饪理论著作纷纷问世，如唐代的《砍斫论》、元代的《饮膳正要》、清代的《随园食单》等，特别是《随园食单》的问世，标志着我国烹饪文化理论达到了成熟阶段。

3．繁荣、创新时期

这一时期是指从辛亥革命至今的100多年间。在这一时期内，中国社会的政治、经济和文化各个方面都发生了翻天覆地的变化，中国饮食文化也进入了繁荣、创新时期。

（1）烹饪设备广泛使用电能

各种使用电能的现代化烹调设备（如电烤箱、电冰箱、绞肉机等）的大量使用，使得烹饪机械在某些环节取代了厨师的手工操作，也可以说，食品工业就是因此从传统烹饪中脱胎而出的。

（2）国内外饮食文化广泛交流

随着经济的发展和科学技术的进步，世界的联系越来越紧密，交通也越来越便捷，人员的流动也越来越频繁。因此，不同地区间的饮食交流也更加频繁，甚至出现了相互交融与渗透，

主要表现在原料、烹饪技法和菜品方面。例如，川菜以前主要以家禽家畜、河鲜山珍为原料，现在也以海鲜为原料制作海鲜类的菜肴。特别是在改革开放以后，国内外的饮食交流更加频繁与深入，西餐、日本料理、巴西烧烤等异国风味登陆中国；先进的烹饪设备、管理营销方式促进中国烹饪走向现代化。

同时，中餐在世界范围内的影响也越来越大，世界各地遍布着中餐馆，使得更多的海外人士了解了中国饮食文化，喜爱中国菜。

（3）饮食著述多而全

从事中国饮食文化理论研究的人不断增多，形成了中国饮食文库，如《中国烹饪百科全书》《中国烹饪辞典》《中国名菜谱》等，还出现了大量的相关教材。

（4）饮食市场空前繁荣

中国人口众多，但历代封建统治者多"重农抑商"，虽然饮食业不断地走向繁荣，但商人的地位总是不高，从20世纪初叶到改革开放初期，饮食市场仅仅继承了明清时期的特色，没有太大的突破。改革开放之后，随着市场经济改革的持续深入，餐饮业不断打破常规，餐饮企业数量繁多、类型丰富、个性鲜明，饮食市场呈现出空前繁荣的局面。

## 四、中国饮食文化的特征

在世界饮食文化中，中国饮食文化是一朵"奇葩"。在中国传统文化的阴阳五行哲学思想、儒家伦理道德观念、中医营养摄生学说，还有文化艺术成就、饮食审美风尚、民族性格特征诸多因素的影响下，智慧的中国劳动人民创造出彪炳史册的中国烹饪技艺，形成博大精深的中国饮食文化。其主要特点表现在以下几个方面。

### 1. 历史悠久

从历史沿革来看，中国饮食文化绵延170多万年，经历了生食、熟食、自然烹饪、科学烹饪四个发展阶段，推出了6万多种传统菜点、2万多种工业食品，形成了五光十色的筵宴和流光溢彩的风味流派，使我国获得了"烹饪王国"的美誉。

### 2. 营养科学

中国饮食文化讲究色、香、味俱全，突出养助益充的营养论（以素食为主，重视药膳和进补），五味调和的境界说（风味鲜明，适口者珍，有"舌头菜"之誉），形成了"五谷为养、五果为助、五畜为益、五菜为充"的食物结构。

### 3. 技艺精湛

中国人在烹饪制作上十分注重精益求精，追求完美。孔子在《论语·乡党》中就曾提出："食不厌精，脍不厌细。"

### 4. 食医结合

我国的烹饪技术与医疗保健有密切的联系，在几千年前就有"医食同源"和"药膳同功"的说法，利用食物原料的药用价值，将食物做成各种美味佳肴，达到辅助防治某些疾病的目的。

### 5. 风味多样

由于我国幅员辽阔、地大物博，各地气候、物产、风俗习惯都存在着不少差异，长期以来，在饮食上也就形成了许多风味，如有"南米北面"的说法，口味上有"南甜、北咸、东酸、西辣"

之分，主要有巴蜀、齐鲁、淮扬、粤闽四大风味。

**6．影响巨大**

中国饮食文化直接影响到日本、蒙古、朝鲜、韩国、泰国、新加坡等国家，是东方饮食文化圈的轴心；与此同时，还间接影响到欧洲、美洲、非洲和大洋洲等地区，像中国的素食文化、茶文化、酱醋、面食、药膳、陶瓷餐具、大豆等，已惠及全世界数十亿人。

## 五、中国饮食文化的研究内容

中国饮食文化主要的研究内容包括以下几个方面。

**1．饮食的起源和饮食文化的概念**

饮食和烹饪是"二位一体"的，正是因为有了烹饪，人类的食物才从本质上区别于动物的食物，才有了文化可言。

饮食文化是指人类在食物的生产、消费中所创造的一切现象，包括物质形态和精神形态两个方面。

**2．中国菜点文化**

中国菜点文化主要包括中国菜点的风味流派、中国菜点的层次构成和中国菜点的美化与审美。

**3．中国饮文化**

中国饮文化主要包括中国酒文化和中国茶文化两个方面的内容。中国酒文化主要包括酒的起源与发展、饮酒艺术、酒礼、酒道和酒令等方面的内容；中国茶文化主要包括茶的起源与发展、茶艺、茶礼和茶道等方面的内容。

**4．中国饮食民俗**

中国饮食民俗包括日常食俗、节日食俗，以及婚诞寿丧等人生礼仪食俗。

**5．饮食文化与旅游**

饮食文化与旅游主要包括中国饮食名人与名菜、饮食文化旅游活动、饮食文化旅游导游等方面的内容。

 **课后作业**

**一、填空题**

1．人类的饮食历史大致经历了两个阶段：一是_____，二是_____。

2．饮食文化是指人类在食物的生产、消费中所创造的一切现象，包括_____和_____两个方面。

3．_____的使用，标志着中国烹饪进入了高速发展的时期。

4．清代《_____》的问世，标志着我国烹饪文化理论达到了成熟阶段。

5．由于我国幅员辽阔、地大物博，各地气候、物产、风俗习惯都存在着不少差异，长期以来，在饮食上也就形成了许多风味，口味上有"_____、_____、_____、_____"之分。

6．中国菜点文化主要包括_____、_____和_____。

二、简答题

1．烹饪与文化的关系是什么？

2．中国饮食文化的特征有哪些？

3．中国饮食文化的研究内容是什么？

三、实训题

1．如果你到一家餐馆去用餐，你会通过哪些方式来判断某个菜肴归属于哪个菜系？依据是什么？

2．在家给家人做一道你们当地的地方美食，并就这道菜的原料、做法、传说给家人做一个简单的介绍。

# 第二章　中国菜点的风味流派

1. 能说出各大菜系的主要特点。
2. 能以服务员的角色向顾客模拟推荐 1～5 道特色地方名菜。
3. 收集关于中国菜点各个风味流派的传说、典故等。

## 第一节　鲁　菜

 典故导入

### 油爆双脆

　　油爆双脆是山东历史悠久的传统名菜。相传此菜始于清代中期，为了满足当地达官贵人的需要，山东济南地区的厨师以猪肚头和鸡脎片为原料，经刀工精心操作，沸油爆炒，将原来必须久煮的肚头和脎片快速做熟，口感脆嫩滑润，清鲜爽口。该菜问世不久，就闻名于世，原名为"爆双片"，后来顾客称赞此菜又脆又嫩，所以改名为"油爆双脆"。到清代中末期，此菜传至北京、东北和江苏等地，成为闻名的山东名菜。

【想一想】

你听说过的山东名菜有哪些？

## 一、鲁菜概况

　　鲁菜，即山东风味菜，发端于春秋战国时的齐国和鲁国（今山东），形成于秦汉，宋代后成为"北食"的代表。齐鲁大地依山傍海，物产丰富，经济发达，为烹饪文化的发展提供了优越的条件，也使鲁菜成为中国覆盖面最广的地方风味菜系之一，遍及京津冀及东北三省。鲁菜主要由济南菜和胶东菜组成，其以味鲜咸脆嫩、风味独特、制作精细而享誉海内外，是中国饮食文化的重要组成部分。

## 二、鲁菜名菜示例

齐鲁之邦地处半岛，三面环海，腹地有丘陵和平原，气候适宜，四季分明，海鲜水族、粮油牲畜、蔬菜果品、昆虫野味等一应俱全，为烹饪提供了丰盛的物质条件。下面介绍鲁菜中著名的五种菜肴。

1．橘子大虾

【产地】山东胶东

【主料和辅料】

大虾100克，花椒油25克，精盐15克，净鱼150克，虾仁200克，蛋清50克，葱油100克，葱1段，白糖50克，鸡汤100克，猪油50克，香油25克，味精5克，湿淀粉15克，绍兴酒25克。

【工艺关键】

（1）蒸制时间不要太长，以防虾肉质老化。

（2）大虾刚一入锅，要用手勺拍一拍虾脑，使其虾油流出，成菜色红鲜艳。

【风味特点】

（1）此菜是山东风味名菜之一，以山东产的大虾、虾仁及鱼肉为主要原料，兼用蒸和煨两种烹调方法制成。

（2）此菜红润油亮，色如玛瑙，食之鲜甜适口，为滋补佳品。

【典故】

据郝懿行的《记海错》一书记载，渤海"海中有虾，长尺许，大如小儿臂，渔者网得之，两两而合，日干或腌渍，货之谓对虾"。对虾每年春秋两季往返于渤海和黄海之间，以其肉厚、味鲜、色美、营养丰富而驰名中外。由此制成的橘子大虾如图2-1所示。

图2-1　橘子大虾

2．糖醋黄河鲤鱼

【产地】山东济南

【主料和辅料】

黄河鲤鱼1尾，酱油10克，精盐3克，葱2克，清汤300克，蒜3克，湿淀粉100克，姜2克，花生油1 500克，白糖200克，米醋120克，绍兴酒10克。

【工艺关键】

（1）鱼身两面的刀口要对称，每片的深度、大小要基本相同。

（2）为了做到外焦里嫩，必须采取"先旺火热油，再微火温油，最后大火冲炸"的方法。

（3）要把糖醋汁炒成活汁，必须在芡汁炒熟后冲入沸油，使之达到吱吱有声。

（4）要掌握好糖、醋、盐的比例，一般用白糖200克、米醋120克、精盐3克兑成糖醋汁。

【风味特点】

糖醋黄河鲤鱼（见图2-2）呈琥珀色，艳丽夺目，汁明芡亮，外焦里嫩，吱吱作响，香气扑鼻，甜中有酸，醇而不腻，具有独特的风味。

图2-2　糖醋黄河鲤鱼

【典故】

鲤鱼是我国养殖最早、分布最广的淡水鱼之一，因鱼鳞有十字纹理，故得"鲤"名。《诗经》中有"岂其食鱼，必河之鲤"之说，山东地处黄河下游，盛产黄河鲤鱼。黄河鲤鱼是一种十分俊美的鱼类，特别是金色鲤鱼，金光闪闪，金鳞长须，脊宽肉厚，生动可爱。可以说鲤鱼是吉祥的鱼、味美的鱼。糖醋黄河鲤鱼是济南汇泉楼饭庄的名菜。汇泉楼是济南的百年老店，该店对烹调技术要求十分严格，选料精细，以鲜活为主，擅长烧鱼。经营期间，汇泉楼的糖醋黄河鲤鱼誉满泉城。

3．九转大肠

【产地】山东济南

【主料和辅料】

熟猪肥肠750克，酱油15克，味精8克，米醋50克，白糖80克，胡椒粉0.25克，料酒50克，肉桂面儿0.25克，精盐4克，砂仁面儿0.25克，清汤250克，蒜末5克，香油15克，香菜末6克，葱末5克，鸡油15克，姜末5克。

【工艺关键】

（1）肥肠用套洗的方法，里外翻洗几遍去掉粪便杂物，放入盘内，撒盐、醋揉搓，除去黏液，再用清水将大肠里外冲洗干净。

（2）将洗干净的肥肠放入凉水锅中慢慢加热，开锅后10分钟换水再煮，以除去腥臊味。

（3）煮肥肠时要宽水上火，开锅后改用微火。发现有鼓包处用筷子扎眼放气，煮时可加葱、姜等，以除去腥臊味。

（4）制作时要一焯、二煮、三炸、四烧。

【风味特点】

此菜色泽红润，大肠软嫩，兼有咸、甜、酸、辣味，鲜香异常，肥而不腻，久食不厌。

【典故】

九转大肠（见图2-3）是清朝光绪年间由济南九华楼酒楼首创的，店主杜某是一个巨商。杜某对"九"字有着特殊的爱好，什么都要取个"九"数。九华楼酒楼设在县东巷北首，规模不大，

但司厨都是名厨高手，对猪下水的烹制极为考究，烧制猪大肠时，下料重，用料全，五味俱全。相传一次九华楼店主设宴待客，席间上有一道烧大肠，众人品尝后都赞不绝口，一位文人说，如此佳肴当取美名，这位文人一是迎合店主喜"九"之癖，二是赞美高厨的技艺，当即起名"九转大肠"，同座都问是何典故，他说："道家善炼丹，有九转仙丹之名，食此佳肴可与仙丹媲美。"举座无不为之叫绝，从此九转大肠声誉日盛，流传至今。

图 2-3　九转大肠

**4. 德州扒鸡**

【产地】山东德州

【主料和辅料】

活鸡 500 克，口蘑 10 克，姜 5 克，酱油 250 克，精盐 25 克，饴糖 50 克，花生油 2 500 克，桂皮 5 克，草豆蔻 0.5 克，丁香 5 克，山柰 5 克，花椒 5 克，大小茴香各 5 克，陈皮 5 克，白芷 0.3 克，砂仁 0.5 克。

【工艺关键】

（1）煮鸡时，大火烧开后应马上转至小火并保持卤汤微滚的程度，火候不宜过大，否则就会将鸡煮成烂泥，成形不佳。

（2）烫拔羽毛时，水温不宜太热或太凉。水温太热，不易拔去细毛，炸后色泽发白；水温太凉，炸后色泽不美观。

（3）一锅煮多只鸡时，鸡的老嫩程度要基本相同。否则，嫩鸡已酥烂，而老鸡火候不够，影响其风味。

【风味特点】

此菜色泽金黄，表皮光亮，肉质酥烂，香味扑鼻，热时手提鸡骨一抖，骨肉自然分离。该菜凉食或热食均可，冷食风味尤佳。成菜鸡皮光亮，色泽红润，肉质肥嫩。因热时手提鸡骨一抖，骨肉随即分离，香气扑鼻，味道鲜美，故原名为"德州五香脱骨扒鸡"，不久便闻名全国。

【典故】

德州扒鸡（见图 2-4）是山东德州市的传统名肴，由德顺斋烧鸡店的韩世功等师傅所创制，至今已有 100 多年的历史。在清朝光绪年间，该店用重 500 克左右的壮嫩鸡，先经油炸至金黄色，然后加口蘑、上等酱油、丁香、砂仁、草豆蔻、白芷、大茴香、饴糖等调料精制而成。他们总结了几百年做鸡的经验，做到了工艺精、配料全、焖得酥烂脱骨、香味十足。

图2-4　德州扒鸡

5．坛儿肉

【产地】山东济南

【主料和辅料】

猪硬肋肉500克，肉桂5克，冰糖15克，姜片10克，葱段10克，酱油100克。

【工艺关键】

在瓷坛中焖肉时，火一定要小。可以观察从排气孔排出的蒸气，蒸气多就说明火大。焖的过程中如果出现煳味儿，就关一会儿火后再开小火。

【风味特点】

坛儿肉实为红烧肉，以瓷坛为加热工具，故名。成菜颜色红亮，汁少味浓，肥而不腻，瘦而不柴。因不着铁器，故毫无异味，香醇可口。

【典故】

据传首先创制该菜的是济南凤集楼饭店，在100多年前，该店厨师用猪硬肋肉加调味料和香料，放入瓷坛中慢火煨煮而成，色泽红润，汤浓肉烂，肥而不腻，口味清香，人们食后，感到非常适口，该菜由此著名。因肉用瓷坛炖成，故名"坛儿肉"（见图2-5）。

图2-5　坛儿肉

随着时代的发展，鲁菜博采众长，出了许多创新菜肴，丰富了山东菜系的饮食文化。例如，其代表性的风味菜肴还有油爆双花、红烧海螺、炸蛎黄、蟹黄鱼翅、扒原壳鲍鱼、绣球干贝、

奶汤核桃肉、奶汤蒲菜、菊花鸡、三美豆腐、蝴蝶海参、奶汤银肺、酿荷包鲫鱼、酿寿星鸭子、鱼茸蹄筋、芜爆鱿鱼卷、拔丝苹果等。

## 三、鲁菜的主要特点

### 1. 烹技全面，巧于用料

鲁菜常用的烹调技法有30种以上，其中尤以爆、烧、塌等最有特色。爆瞬间完成，营养素保护得好，食之清爽不腻；烧有红烧、白烧，著名的九转大肠便是烧菜的代表；塌是山东独有的烹调方法，其主料要事先用调料腌渍入味或夹入馅心，再沾粉或挂糊，两面塌煎至金黄色。放入调料或清汤，以慢火熬尽汤汁，使之浸入主料，增加鲜味。山东广为流传的锅塌豆腐、锅塌菠菜等，都是久为人们所乐道的传统名菜。

### 2. 调味纯正，精于制汤

鲁菜讲究调味纯正，口味偏于咸鲜，具有鲜、嫩、香、脆的特点，善于以葱香调味。在菜肴烹制过程中，不论是爆、炒、烧、熘，还是烹调汤汁，都以葱丝（或葱末）爆锅，就算是蒸、扒、炸、烤等菜，也借助葱香提味。鲁菜还十分讲究清汤和奶汤的调制，清汤色清而鲜，奶汤色白（乳白色）而醇，以肥鸡、肥鸭、肥肘子为主料，经沸煮、微煮、"清哨"，使汤清澈见底，味道鲜美。用清汤和奶汤制作的数十种菜被列入高级宴席的珍馐美馔。

### 3. 烹制海鲜有独到之处

鲁菜中海珍品和小海味的烹制堪称一绝。在山东，无论是参、翅、燕、贝，还是鱼、鳖、虾、蟹，经当地厨师妙手烹制，都可成为精彩鲜美的佳肴。仅胶东沿海生长的比目鱼（当地俗称"偏口鱼"），运用多种刀工处理和不同技法，便可烹制成数十道美味佳肴，其色、香、味、形各具特色，百般变化于一鱼之中。以小海鲜烹制的油爆双花、红烧海螺、炸蛎黄，以及用海珍品制作的蟹黄鱼翅、扒原壳鲍鱼、绣球干贝等，都是独具特色的海鲜珍品。

【知识拓展】

山东名小吃示例如下。

### 1. 托板豆腐

托板豆腐是山东临清的传统名小吃。豆腐是用上等黄豆，经脱皮、水泡后磨成汁，用布滤出豆浆，倒入锅中烧开，加卤水精心点制而成的。吃起来特别水嫩，就像果冻一样，根本不用咀嚼，所以也被大家称为"喝水豆腐"。因卖主总是将豆腐切好后放在一块特制的长方形木板上出售，故称"托板豆腐"。早晨，在临清的街头巷尾随处可见手捧托板豆腐，吃得满口香甜、津津有味的人。

相传在明朝，曹州有一个穷秀才进京赶考。在经过临清的时候身上的钱都用光了，饿倒在地。直到第二天清早被一个卖豆腐的"豆腐李"看到，才将他扶了起来。"豆腐李"知道秀才是饿得没有力气了，就想喂秀才点儿豆腐吃。但因为没有别的工具，"豆腐李"就直接用挡豆腐的木板托着豆腐让秀才吃，才救了秀才的命。后来秀才中了状元，当了八府巡按，他特地到临清来，找到"豆腐李"感谢他的恩情，从此托板豆腐（见图2-6）便出名了。

图 2-6 托板豆腐

## 2. 芸豆酱肉包子

肉里加入面酱，还要加油，至少得 10 大勺油。把剁好的芸豆加进去，还要剁一棵葱、两片姜加进去，再加盐等调味。发好的面下剂子，擀皮，包好后入锅蒸熟，稍等片刻，香喷喷的芸豆酱肉包子（见图 2-7）就可以出锅了。

图 2-7 芸豆酱肉包子

# 第二节 川 菜

典故导入

### 蚂蚁上树一菜的来历

"蚂蚁上树"其实就是粉丝炒肉末。这道菜的由来，据说与元代剧作家关汉卿笔下的人物窦娥有关。

秀才窦天章为上朝应举，在楚州动身前将女儿窦娥抵给债主蔡婆婆做童养媳。窦娥在蔡家孝顺婆婆，侍候丈夫，日子还算过得去。谁知在她与丈夫成亲后不久，丈夫便患疾而亡，婆婆因此病倒在床。

窦娥用柔弱的肩膀挑起了家庭的重担，她在为婆婆请医求药之余，又想方设法变着花样儿做些可口的饭菜，为婆婆调养身体，婆婆渐渐有了好转。因为坐吃山空，钱不够用了，窦娥只

得硬着头皮去赊账。在肉案前，卖肉的说："你前两次欠的钱都没有还，今天不能再赊了。"窦娥只得好言相求，卖肉的被缠不过，切了一小块肉给窦娥。

该做饭了，窦娥想，这么点儿肉能做什么呢？她思索的目光落在了碗柜顶上，那上面有过年时剩下的一小把粉丝。窦娥灵机一动，取下粉丝，用开水泡软，又将肉切成末，加葱、姜下锅爆炒，放入酱油、粉丝翻炒片刻，最后加青蒜丝、胡椒粉起锅。躺在床上的婆婆问："窦娥，你做的什么菜这么香？""是炒粉丝。"随着话音，窦娥便将菜端到了床前，婆婆在动筷子之前，发现粉丝上有许多黑点儿，她眯着老花眼问："这上面怎么有这么多蚂蚁？"当她知道其中原委，并动筷子尝了一口后，不由得连连夸赞，还说，这道菜干脆就叫"蚂蚁上树"吧！

**【想一想】**

川菜是我国流传最广的风味流派之一。你吃过哪些川菜？

## 一、川菜概况

享有"食在中国，味在四川"美誉的川菜即四川风味菜，是中国非常具有特色的地方风味流派，以成都、重庆两地的菜肴为代表。川菜孕育萌芽于商周时期，蓬勃发展于唐宋时期，到清代末年逐渐形成一套成熟而独特的烹饪艺术，成为一派风味独特、浓郁的地方风味菜，与鲁菜、淮扬菜、粤菜并称为"中国四大菜系"，影响遍及海内外。

## 二、川菜名菜示例

四川和重庆位于长江上游，四周群山环抱，江河纵横，沃野千里，物产丰富。盆地、平原和山丘地带气候温和，四季常青，盛产粮、油、果、蔬、笋、菌、家禽和家畜，不但品种繁多，而且质量尤佳，均为川菜的主要烹饪原料。山岳、深壑地区多产银耳、香菇、虫草等山珍野味。江河、峡谷流域，所产各种鱼鲜，如江团、雅鱼、岩鲤、长江鲟，量虽不多，但品种特异，均为烹饪佳品。唐代诗人杜甫曰："青青竹笋迎船出，日日江鱼入馔来。"宋代诗人陆游曰："新津韭黄天下无，色如鹅黄三尺余。东门彘肉更奇绝，肥美不减胡羊酥。"他们均对四川的丰盛特产倍加赞赏。这些得天独厚的特产，为川菜的形成和发展提供了特殊而优厚的物质基础。

1. 宫保鸡丁

【产地】四川昭化

【主料和辅料】

嫩公鸡脯肉 50 克，姜片 5 克，油酥花生仁 50 克，蒜 5 克，干红辣椒 10 克，川盐 2.5 克，红酱油 20 克，味精 1.5 克，醋 8 克，绍兴酒 15 克，白糖 10 克，湿淀粉 35 克，花椒 10 粒，肉汤 10 克，葱 5 克，熟菜油 80 克。

【工艺关键】

（1）嫩公鸡脯肉要拍松，之后切丁，便于入味。

（2）调味时要以足够的盐做底味，甜酸比重是酸稍重于甜。

（3）姜、葱、蒜仅取其辛香，用量不应过重。

（4）干红辣椒以炒至色呈棕红为度，鸡丁上芡宜厚，汁用芡宜薄。

（5）油酥花生仁不宜早下锅。

（6）此菜也有吃糊辣咸鲜味的，汁中不加或微加糖、醋。

【风味特点】

本品荔枝味（小酸小甜）浓郁，更兼糊辣香型，成菜色泽棕红，散籽亮油，辣香酸甜，滑嫩爽口。

【典故】

对于宫保鸡丁（见图2-8）菜名的来历，众说纷纭。但事出有因，共同的说法是"宫保鸡丁"因丁宝桢爱吃而得名。丁宝桢，清末贵州人氏，曾任太子少保、太保，即太子的老师，因在宫廷内为官，一般人尊称其为"宫保"，故得名"宫保鸡丁"。

图2-8　宫保鸡丁

2. 麻婆豆腐

【产地】四川成都

【主料和辅料】

豆腐400克，川盐10克，牛肉5克，味精5克，青蒜苗段5克，湿淀粉15克，豆豉5克，姜粒5克，郫县豆瓣10克，蒜粒5克，辣椒面儿5克，肉汤120克，花椒粉2克，熟菜油100克，酱油10克。

【工艺关键】

（1）豆腐一定要用沸水浸泡过，以去涩味，放适量盐。

（2）为保证豆腐成块，形整不烂，一是在加鲜汤时略放点儿盐，增加豆腐的凝固力；加热要适度，以烧至70℃左右为宜。二是在烹制中，火不宜大，应以小火慢烧；翻动宜少而轻，翻动时从锅边轻轻向下铲，在周围翻动。

（3）牛肉应选无筋的净瘦肉，入锅煸干水分至吐油时起锅。下豆腐烧入味后，勾芡前放入煸干的牛肉，就能保持其酥的特色。

（4）炒豆瓣、豆豉和辣椒面儿时火力不要太旺，豆瓣炒出红色而不变成黑色。

（5）以分次勾芡为好，芡汁也应适当浓些。第一次勾芡后，用锅铲轻轻翻动，待芡汁融合，再进行二次、三次勾芡，这样上桌以后，就不会出现不断吐水的情况。

【风味特点】

麻婆豆腐风味独特，以创制者的特征（脸上有麻点）而命名。此菜若以味起名，可叫"麻辣豆腐"；若讲烹制方法，也可叫"烧豆腐"。此菜为麻辣味型，在雪白细嫩的豆腐上，点缀着棕红色的牛肉酥馅，绿油油的蒜苗，红彤彤的汁色，视之如玉镶琥珀，闻之浓香扑鼻，集麻、辣、烫、嫩、酥、鲜、香于一馔。

【典故】

麻婆豆腐（见图2-9）是四川成都久享盛誉的传统名菜。据传，晚清时期，成都万福桥边，有位脸上有稀疏麻点的妇女，其夫姓陈，开了一家豆腐店。经她用熟油、辣椒、花椒、豆豉烹

制的豆腐，味道特别鲜美，十分受人欢迎，于是人们都称之为"陈麻婆豆腐"。曾有人写诗赞道："麻婆陈氏尚传名，豆腐烘来味最精。万福桥边帘影动，合沽春酒醉先生。"清光绪年间，《成都通览》将该店列为成都的名菜名店。

图 2-9　麻婆豆腐

### 3．回锅肉

【产地】四川成都

【主料和辅料】

猪腿肉 400 克，甜面酱 10 克，青蒜苗 100 克，酱油 10 克，郫县豆瓣 25 克，食用油 50 克。

【工艺关键】

（1）烹制回锅肉，看似容易，但要使片片肉呈灯盏窝状，好看又好吃，却不容易。特别是注意煮肉时断生即可，忌煮过度。

（2）下甜面酱时火候不宜过大。

（3）必须加提味的配料，最好加青蒜苗，如无青蒜苗，可用葱或蒜薹代替，方能成此美味。

【风味特点】

回锅肉为家常味型，色泽红亮，肉片柔香，香气浓郁，肥而不腻，味咸鲜，微辣回甜，有浓郁的酱香味。

【典故】

传说回锅肉（见图 2-10）是以前四川人初一、十五打牙祭（改善生活）的当家菜。当时的做法多是先白煮，再爆炒。清末时成都有位姓凌的翰林，因宦途失意退隐居家，潜心研究烹饪。他将原来先煮后炒的回锅肉，改为先将猪肉去腥臊味，以隔水容器密封的方法蒸熟后再煎炒成菜。因为早蒸至熟，减少了可溶性蛋白质的损失，保持了肉质的浓郁鲜香，原味不失，色泽红亮。自此，名噪锦城（今成都）的早蒸回锅肉便流传开来。

图 2-10　回锅肉

4．夫妻肺片

【产地】四川成都

【主料和辅料】

牛肉 2 500 克，牛杂 2 500 克，辣椒油 100 克，熟花生 50 克，酱油 150 克，芝麻面儿 100 克，味精 5 克，八角 5 克，花椒 5 克，肉桂 5 克，白酒 10 克，精盐 150 克，花椒面儿 20 克，老卤 2 500 克。

【工艺关键】

要掌握好煮牛肉、牛杂的火候和时间，忌煮得过烂，先熟的应先捞出。

【风味特点】

此菜色泽美观，麻辣鲜香，牛肉、牛杂细软脆嫩。

【典故】

相传在 20 世纪 30 年代，成都少城附近，有一个名为郭朝华的男子，与其妻一道以制售凉拌牛肺片为业，他们夫妻俩亲自制作，走街串巷，提篮叫卖。由于他们经营的凉拌肺片制作精细，风味独特，深受人们喜爱。为区别于其他人做的肺片，人们称他们的为"夫妻肺片"（见图 2-11）。设店经营后，他们在用料上更为讲究，以牛肉、心、舌、肚、头皮等取代最初单一的肺，质量日益提高。为了保持此菜的原有风味，"夫妻肺片"之名一直沿用至今。

图 2-11　夫妻肺片

## 三、川菜的主要特点

1．选料广博，烹制考究

四川和重庆物产丰饶，山珍野味、江鲜河鲜、素菜瓜果种类繁多。牛、羊、猪、狗、鸡、鸭、鹅、兔，可谓"六畜兴旺"，笋、韭、芹、藕、菠、蕹（wèng），堪称四季常青，淡水鱼有江团、雅鱼、岩鲤、长江鲟。即便是一些干杂品，如通江、万源等地出产的银耳，宜宾、乐山、涪陵、凉山等地出产的竹荪，广元等地出产的黑木耳，宜宾、万县、涪陵、达川等地出产的香菇，四川多数地方都产的魔芋，均为佼佼者。就连石耳、地耳、绿菜、折耳根、马齿苋这些生长在田边地头、深山河谷中的野菜之品，也成为做川菜的好材料。还有作为中药的冬虫夏草、川贝母、川杜仲、天麻，也被作为养生食疗的烹饪原料。

因此，川菜选料广，烹调方法多，使用的基本烹饪方法有 30 多种，干煸、干烧、小炒等特色鲜明，

菜肴品种十分丰富，风味小吃与面点也同样出名。川菜宴席格式多样，如高级宴席、普通宴席、大众便餐、家常风味，层次分明，菜式各异，无不脍炙人口。

2．调味独到，味型丰富

四川人和重庆人在饮食上特别讲究滋味，因此很注意培养优良的种植调味品和生产、酿造高质量的调味品。自贡井盐、内江白糖、保宁醋、中坝酱油、郫县豆瓣、清溪花椒、永川豆豉、涪陵榨菜、叙府芽菜、南充冬菜、新繁泡菜、忠州豆腐乳、温江独头蒜、北碚莴姜、二荆条辣椒等，都是品质优异者。与烹饪和筵宴有密切关系的川茶、川酒，其优质品种也被举世公认。川菜最大的特点在于调味，味型多样，变化精妙，素有"一菜一格，百菜百味"的佳话，并以麻、辣、味浓著称。川菜在辣味的运用上有其独到之处，讲究巧妙配合，灵活多变，独树一帜；在使用品种上有青辣椒、干红辣椒、泡辣椒、辣椒面儿、辣椒油、胡辣椒、辣豆瓣等，并与花椒、醋、蒜、糖等调味品配合使用，调味品不同的配比，化出了鱼香味、荔枝味、麻辣味、椒麻味、酸辣味、怪味等各种味型，无不厚实醇浓，如鱼香肉丝、宫保鸡丁、怪味鸡块、麻婆豆腐、干烧岩鲤等。

**【知识拓展】**

四川名小吃示例如下。

1．担担面

担担面，用面粉擀制成面条，煮熟，舀上炒制的猪肉末而成。成菜面条细薄，色泽鲜红，卤汁酥香，咸鲜微辣，香气扑鼻，十分入味。此小吃在四川广为流传，常作为宴席点心。

相传，担担面（见图2-12）是四川省自贡市一位绰号为"陈包包"的小贩于1841年始创的，因为最初是挑着担子沿街叫卖而得名"担担面"。过去，在成都走街串巷的担担面小贩，用一种铜锅隔成两格，一格煮面，另一格炖鸡或炖蹄髈。现在重庆、成都、自贡等地的担担面，多数已改为店铺经营，但依旧保持原有特色，尤其是成都的担担面。

图2-12 担担面

2．酸辣豆花

酸辣豆花（见图2-13）在从前多以摊、担形式经营，普遍流行于四川成都、乐山的城市和农村，是一种历史悠久的民间小吃。

图 2-13　酸辣豆花

**3．旋子凉粉**

旋子凉粉（见图 2-14）于清朝末年创立于南充。创始人谢天禄在南充渡口搭棚卖凉粉，其凉粉细嫩清爽，作料香辣味浓，逐渐卖出了名气，谢家便世代相传专卖凉粉，后正式办起川北凉粉店。现已流传于四川省，成为著名小吃。

图 2-14　旋子凉粉

**4．赖汤圆**

赖汤圆（见图 2-15）迄今已有 100 多年的历史。老板赖源鑫从 1894 年起就在成都沿街煮卖汤圆，他制作的汤圆煮时不烂皮、不露馅、不浑汤，吃时不粘筷、不粘牙、不腻口，滋润香甜，爽滑软糯，成为成都最负盛名的小吃之一。现在的赖汤圆，保持了老字号名优小吃的质量，面滑色白，皮粑绵糯，甜香油重，营养丰富。

图 2-15　赖汤圆

### 5. 叶儿粑

叶儿粑（见图2-16）又称"艾馍"，原是川西农家清明节的传统食品。1940年，新都天斋小食店将艾馍精心改制，更名为"叶儿粑"。叶儿粑选料考究，工艺精细，具有色绿形美、细软爽口的特点，为四川名小吃之一。制作时用糯米粉和面，包上麻茸甜馅心或鲜肉咸馅心，外裹鲜橘子叶，用旺火蒸。特色是清香滋润，醇甜爽口，咸鲜味美。

图2-16　叶儿粑

【小知识】

### 川菜为什么会成为食者颇多的地方菜系

从地域上说，川菜是中国西部四川地区出现的菜。在秦末汉初，川菜就已粗具规模，唐宋时发展迅速，明清时已富有名气。川菜成了一个影响很大的风味菜系，如今已传到世界上的许多国家和地区。川菜属于中国，也属于世界。从历史上说，川菜发源于古代的巴国和蜀国，是在巴蜀文化背景下形成的。到两汉两晋之时，就已呈现了初期的轮廓。隋唐五代，川菜有较大的发展。两宋时，川菜已跨越了巴蜀疆界，进入北宋东京（今河南开封）、南宋临安（今浙江杭州）两都，为川外人所知。明末清初，川菜运用引进种植的辣椒调味，继承巴蜀之地早就形成的"尚滋味""好辛香"调味传统，进一步有所发展。晚清以后，逐步形成一个地方风味极其浓郁的体系，与黄河流域的鲁菜、岭南地区的粤菜、长江下游的淮扬菜并称为四大菜系。

从基本特征来说，得天独厚的自然条件和丰富的物产资源，对川菜的发展是一个重要而有利的条件。川菜由成都菜、重庆菜、自贡菜和素食佛斋菜组成，具有用料广博、味道多样、菜肴适应面广三个特征，其中尤以味型多、变化巧妙而著称，尤以麻辣、鱼香、怪味等味型独擅其长。"味在四川"，便是世人所公认的。

从烹饪方法来说，川菜拥有4 000多个菜肴、点心品种。这些菜点由宴席菜、便餐菜、家常菜、三蒸九扣菜、风味小吃五个大类组成。当今流行的川菜品种，既有对历代川菜品种的传承，也有烹饪技术工作者对新品种的不断开拓、创新。众多的川菜，是用多种烹饪方法制作出来的。川菜的常用烹调技法有近40种，长于小煎、小炒、干煸、干烧、家常烧等技法。小炒不过油，不换锅；干煸成菜，味厚而不腻；干烧用汤恰当，味醇而鲜；家常烧先用中火、热油翻炒豆瓣，入汤烧沸去渣，放料后再用小火慢烧至成熟入味，勾芡而成。川外人熟悉的麻婆豆腐就是用家常烧技法烹饪的。

# 第三节　苏　菜

## 叫　花　鸡

叫花鸡为江苏常熟名菜，又称"黄泥煨鸡"。相传明末清初，常熟虞山山麓有一个叫花子偶得一鸡，苦无炊具、调料，无奈，宰杀去内脏后，带毛涂泥，放入柴火堆中煨烤，熟后敲去泥壳，鸡毛随壳而脱，香气四溢。适逢隐居在虞山的大学士钱谦益路过，试尝，觉其味独特，归家命其家人稍加调味如法炮制，更感鲜美。此后，叫花鸡遂成为名菜，并一直流传至今。

**【想一想】**

你吃过哪些江苏名菜？向同学们介绍一下。

## 一、苏菜概况

苏菜主要由淮扬、南京、苏锡、徐海四个地方风味组成。其中，淮扬菜发轫于先秦时期，隋唐时已有盛名，至明清时已成流派。苏菜南北沿运河、东西沿长江的发展较为迅速，沿海的地理优势扩大了苏菜在海内外的影响。

## 二、苏菜名菜示例

江苏东临黄海，西拥洪泽，南濒太湖，长江横贯于中部，大运河沟通南北，境内湖泊众多，河网稠密，土壤肥沃，气候寒温适宜，物产十分丰富，素有"鱼米之乡"的誉称。江苏为我国的重要淡水鱼区，太湖银鱼、长江鲥鱼和刀鱼、阳澄湖大闸蟹为名产，高邮鸭和鸭蛋、如东狼山鸡等均享盛名。江苏"春有刀鲚夏有鲥，秋有肥鸭冬有蔬"，一年四季，水产禽蔬轮番上市，应有尽有，这些富饶的物产，为苏菜的发展提供了优越的物质条件。

具代表性的苏菜品种有水晶肴蹄、大煮干丝、三套鸭、霸王别姬、清炖蟹粉狮子头、烤方、坛子狗肉、将军过桥、松鼠鳜鱼、清蒸鲥鱼、醋熘鳜鱼、双皮刀鱼、翠珠鱼花、清汤火方、鸭包鱼翅、西瓜鸡、盐水鸭、清炖甲鱼等。

1. 清炖蟹粉狮子头

【产地】江苏扬州

【主料和辅料】

猪肋条肉 800 克，青菜心 12 棵，蟹粉 100 克，绍兴酒 10 克，精盐 20 克，味精 1.5 克，葱姜汁 15 克，干淀粉 50 克。

【工艺关键】

（1）此菜要求选料精严。制肉馅的肉要选用猪肋条肉，肥瘦之比也要恰当，以肥七瘦三为佳，

这样，做出的狮子头才嫩。

（2）在刀工上要细切粗斩，分别将肥肉、瘦肉切成细丝，再分别切成小丁，继而分别粗斩成石榴米状，再混合起来粗略地斩一斩，使肥、瘦肉丁均匀地黏合在一起。

【风味特点】

此菜肉圆肥而不腻，青菜酥烂清口，蟹粉鲜香，肥嫩异常，而且容易有饱腹感，是减肥瘦身的首选食品。

【典故】

据《资治通鉴》记载，在1 000多年前，隋炀帝带着嫔妃、随从，乘着龙舟和四艘船只沿河南下，"所过州县，五百里内皆令献食。多者一州至百舆，极水陆珍奇"。扬州所献的"珍奇"食馔中，已有"狮子头"，不过当时称为"葵花大斩肉"。在隋炀帝下扬州看琼花时，这道菜已很出名了。所谓"狮子头"，用扬州话说，就是大斩肉；用北京方言说，就是大肉丸子。因为大斩肉烹制成熟后，表面的一层肥肉末已大体溶化或半溶化，而瘦肉末则相对显得凸起，仿佛给人以毛毛糙糙之感，于是，富有幽默感的人便称之为"狮子头"了。后经改良，研制出清炖蟹粉狮子头（见图2-17）。

图2-17　清炖蟹粉狮子头

2．烤方

【产地】江苏扬州

【主料和辅料】

猪肋条肉（或五花肉）3 000克，甜面酱100克，大葱50克，椒盐100克。

【工艺关键】

（1）上叉时，要用两支竹筷横插在烤方上，防止肉烂后下垂。

（2）烤时要用钢针在肉皮上戳小眼儿，把闭塞的小眼儿扦透，烘烤时热气畅通，不致肉皮鼓起时皮与肉脱节，失去烤方特色。

（3）焦皮要刮净，刮时要顺刮。

【风味特点】

烤方成品表皮酥脆异常，肉质干香酥烂；食时佐以甜面酱、椒盐、葱白段，用空心馍馍夹食，别有风味。

【典故】

烤方（见图2-18）为扬州传统名菜，由叉烧乳猪改进而来。清代，扬州官绅、盐商常用烤

方宴请宾客。它与叉烧鸭子和叉烧鳜鱼被称为"扬州三叉"。

图 2-18　烤方

3．醋熘鳜鱼

【产地】江苏扬州

【主料和辅料】

鳜鱼 1 000 克，韭黄 100 克，小葱 10 克，大蒜 20 克，醋 75 克，白砂糖 200 克，香油 50 克，姜 10 克，料酒 50 克，酱油 75 克，淀粉 200 克，花生油 300 克。

【工艺关键】

做此菜要程序明确，先后三次油炸，每次油温不同；每炸一次需"醒"一次；关键在于三个炒锅运用得当，即鱼炸好后，汁也做好浇上，否则发不出"吱吱"的响声。

【风味特点】

此菜外焦脆，里鲜嫩，浇上沸卤汁，发出"吱吱"响声，醋香扑鼻，甜酸适口。

【典故】

醋熘鳜鱼（见图 2-19）由古代名菜全鱼炙发展而来。上桌时由两名服务员配合，一人捧鱼，另一人端卤，同时跑入店堂，鱼置桌上，立刻浇上卤汁，俗称"跑汁"，响声大作，满室生香，使宴饮情绪步入高潮。

图 2-19　醋熘鳜鱼

4．三套鸭

【产地】江苏扬州

【主料和辅料】

活家鸭、活野鸭、活菜鸽各1只，熟火腿片25克，水发冬菇20克，冬笋片30克，绍兴酒35克，葱30克，姜30克，精盐20克。

【工艺关键】

（1）生坯要用小火慢慢焖，焖3小时左右才能酥烂。

（2）选料严格，家鸭须用老雄鸭，野鸭须择肥壮之"对鸭"，菜鸽应用当年的仔鸽。

【风味特点】

家鸭肉肥味鲜，野鸭肉紧味香，鸽子肉松而嫩；汤汁清鲜，带有腊香，多味复合，相得益彰，堪为一道冬令佳肴。有人赞美此菜具有"闻香下马，知味停车"的魅力。

【典故】

扬州和高邮一带盛产湖鸭，此鸭十分肥美，是制作南京板鸭、盐水鸭等鸭菜的优质原料。早在明代，扬州厨师就用鸭子制作各种菜肴，如鸭羹、叉烧鸭，用鲜鸭、咸鸭制成清汤文武鸭等名菜。清代时，厨师又用鲜鸭加板鸭蒸制成套鸭。后来扬州菜馆的厨师将野鸭去骨填入家鸭腹内，将菜鸽去骨再填入野鸭腹内，又创制了三套鸭（见图2-20）。三套鸭因其风味独特，不久便闻名全国。

图 2-20　三套鸭

## 三、苏菜的主要特点

1．共同特点

苏菜的共同特点体现在以下四个方面。

（1）用料广泛，以江河湖海水鲜为主。

（2）刀工精细，烹调方法多样。苏菜以重视火候、讲究刀工而著称，尤擅长炖焖煨焐，著名的"镇扬三头"（扒烧整猪头、清炖蟹粉狮子头、拆烩鲢鱼头）、"苏州三鸡"（叫花鸡、西瓜童鸡、早红橘酪鸡）及"金陵三叉"（叉烤鸭、叉烤鳜鱼、叉烤乳猪）都是其代表之名品。

（3）重视调汤，保持原汁；追求本味，清鲜平和；咸甜适中，适应面广；浓而不腻，淡而不薄；酥烂脱骨而不失其形，滑嫩爽脆而不失其味。

（4）菜品风格雅丽，形质匀美。

2．各自特点

淮扬、南京、苏锡、徐海四个地方风味的各自特点如下。

（1）淮扬风味的发源地以扬州、两淮（淮安、淮阴）、镇江为中心，以大运河为主干，南起镇江，北至洪泽湖，东含里下河并及沿海，这里水网交织，江河湖泊所出甚丰。淮扬地区的肴馔以清淡见长，味合南北，概称"淮扬菜"。扬州菜素有"饮食华侈，制作精巧，市肆百品，夸视江表"之誉，名馔有将军过桥、醋熘鳜鱼、三套鸭、大煮干丝、清炖蟹粉狮子头等。两淮的鳝鱼菜品达108种之多，其中软兜长鱼、白煨脐门、大烧马鞍桥等有活嫩、软嫩、松嫩、酥嫩等特点，突出一个"嫩"字。镇江则以"三鱼"（鲥鱼、刀鱼、江团）菜肴驰名，名食水晶肴蹄饮誉中外。

（2）南京，古称"金陵"，有"六朝金粉地，金陵帝王州"的美誉，又是当今江苏省的政治、经济、文化中心，饮食市场素来繁盛，且屡见于古今诗文之中。南京风味，又称"京苏菜"，兼取四方之美，适应八方之需，鸭馔佳肴，远近闻名。南京风味以滋味平和、醇正适口为特色，其名菜有炖菜核、炖生敲、盐水鸭、扁大枯酥等。

（3）苏锡风味的发源地以苏州、无锡为中心。苏锡菜原重"甜出头，咸收口，浓油赤酱"，近代逐渐趋向清新爽适，浓淡相宜，名菜有松鼠鳜鱼、梁溪脆鳝、香脆银鱼、常熟叫花鸡、镜箱豆腐等。

（4）徐海风味的发源地为徐州沿东陇海线至连云港一带。徐海菜以鲜咸为主，五味兼蓄，风格醇朴，注重实惠，名菜有霸王别姬、爆乌花等。

苏菜如同清代袁枚在《随园食单》中所论述的，已达到"一物各献一性，一碗各成一味"的境界。

【知识拓展】

江苏名小吃示例如下。

1. 三丁包子

相传乾隆皇帝下江南时品尝到五丁包子（以海参丁、鸡丁、肉丁、冬笋丁、虾仁为馅）后十分高兴地说："扬州包子，名不虚传。"后因考虑到消费水平，人们将五丁包子改为三丁包子（见图2-21），以鸡丁、肉丁、笋丁为馅心并以虾汁、鸡汤加调味品烩制而成，味道依然鲜美。

图2-21 三丁包子

2. 黄桥烧饼

黄桥烧饼（见图2-22）之所以出名，是因为其与著名的黄桥战役紧密相连。在陈毅、粟裕等直接指挥下的黄桥战役打响后，黄桥镇12家农磨坊的60只烧饼炉，日夜赶做烧饼。镇外战火纷飞，镇内炉火通红，当地群众冒着敌人的炮火把烧饼送到前线，谱写了一曲"军爱民、民拥军"

的壮丽凯歌。

图 2-22　黄桥烧饼

### 3．千层油糕

晚清年间，扬州可可居名厨高乃超在前人制糕的基础上，根据发酵的原理，首创了千层油糕（见图 2-23）。千层油糕呈菱形方块，芙蓉色，半透明，整块油糕共分为 64 层，层层糖油相间，糕面布以红绿丝，观之清新悦目，食之绵软嫩甜。

图 2-23　千层油糕

### 4．淮安茶馓

淮安茶馓（见图 2-24）创于清代后期，距今已有 100 多年的历史，因为当时茶馓做得最好的人姓岳，故又名"岳家茶馓"，又因为岳氏家宅靠近淮安城浦楼，所以也有人称其为"浦楼茶馓"。

图 2-24　淮安茶馓

**【小知识】**

### 苏菜文化溯源

　　早在 2 000 多年前，吴人即善制炙鱼、蒸鱼和鱼片。春秋时齐国的易牙曾在徐州传艺，由他创制的"鱼腹藏羊肉"千古流传，为"鲜"字之本。汉代淮南王刘安在八公山上发明了豆腐，首先在苏、皖地区流传。汉武帝逐夷民至海边，发现渔民所嗜"鱼肠"滋味甚美，南宋时期的明帝也酷嗜此食。晋人葛洪有"五芝"之说，对江苏食用菌影响颇大。南宋时，苏菜和浙菜同为"南食"的两大台柱，吴僧赞宁作《笋谱》，总结食笋的经验。豆腐、面筋、笋、蕈号称素菜的"四大金刚"。这些美食的发源都与江苏有关。南北朝时，南京"天厨"能用一个瓜做出几十种菜，一种菜又能做出几十种风味来。此外，腌制咸蛋、酱制黄瓜，在 1 500 年前就已载入典籍。野蔬大量入馔，江苏人有"吃草"之名，高邮人王盘有专著，吴承恩在《西游记》里也有所反映。江南食馔中增加了满蒙菜点，有了"满汉全席"。1840 年后，通商口岸出现了西餐，于是有了中西合璧的餐厅。

# 第四节　粤　　菜

### 广东美味——蛇餐

　　传说北宋时苏轼被贬到惠州，他的爱妾王朝云因为吃了蛇羹以后人们才告诉她吃的是蛇肉，结果她受惊吓而死去。广州人吃蛇已有 2 000 多年的历史了。当今的广州，不但有专门的蛇餐馆、吃蛇一条村，大凡酒楼食肆也经营蛇餐。而且，蛇的吃法有数十种之多，凡是你想得出的吃法，厨师都能做出美味的蛇肴。但是要注意，捕杀、销售和食用《国家重点保护野生动物名录》中的蛇类是违法的。

**【想一想】**

　　谈谈你听说过的广东人吃的东西。

## 一、粤菜概况

　　粤菜也就是广东风味菜，是中国著名菜系之一，其烹饪技艺精湛，独特的风味饮誉四方。广东位于中国南部沿海，物产丰富，奇珍异兽、湖海水鲜无所不有，食料与中原地区迥异。由于广东是历史悠久的通商口岸，对外开放的结果使粤菜博采西方烹饪的精髓，从而日臻完善。

## 二、粤菜名菜示例

　　广东地处亚热带，濒临南海，四季常青，物产丰富，山珍海味无所不有，蔬果时鲜四季不同，清人竹枝词曰："响螺脆不及蚝鲜，最好嘉鱼二月天。冬至鱼生夏至狗，一年佳味几登筵。"把广

东丰富多样的烹饪资源淋漓尽致地描绘出来了。近年来，粤菜也追求"新派"，但几千年来所形成的选料广博奇杂，菜肴讲究鲜、爽、嫩、滑的南国风味对创新的影响颇深。

粤菜中著名的菜肴有芙蓉煎滑蛋、三蛇龙虎凤大会、五蛇羹、盐焗鸡、蚝油牛肉、烤乳猪、干煎大虾等，另外，还有味道浓郁的地方风味瓦煲类菜式，如瓦煲山瑞、瓦煲葱油鸡、瓦煲鲤鱼、瓦煲大鳝（鳗鱼）、什锦煲、煲仔饭系列等。夏秋时节，岭南酷暑炎热，时令菜肴如八宝鲜莲冬瓜盅、百花酿鲜笋、蚝油鲜菇、白灼鲜鱿、白灼海虾、油泡鲜虾仁、清蒸海鲜、白切鸡、明炉乳猪、挂炉烤鸭等广州名菜，很好地体现了南国的风味特色及广东人喜爱清淡、爽口的食性。

1. 芙蓉煎滑蛋

【产地】广东广州

【主料和辅料】

鸡蛋 200 克，叉烧肉 60 克，水发香菇 10 克，玉兰片 30 克，姜 10 克，大油 100 克，香油 10 克，胡椒粉少许，湿淀粉 10 克，盐 4 克，味精 3 克，毛汤适量。

【工艺关键】

鸡蛋用文火煎至两面呈金黄色，火不能大。

【风味特点】

此菜色泽金黄，鲜嫩醇香，美味可口，驰名南北。

【典故】

芙蓉花开时艳丽异常。芙蓉煎滑蛋（见图 2-25）用芙蓉命名以显示色泽美丽，诱人食欲。

图 2-25　芙蓉煎滑蛋

2. 烤乳猪

【产地】广东广州

【主料和辅料】

宰净乳猪 5 000 克，葱球 150 克，蒜泥 5 克，白糖 65 克，豆瓣酱 100 克，南乳 25 克，芝麻酱 25 克，汾酒 7.5 克，五香盐 65 克，烤乳猪醋 150 克，花生油 25 克。

【工艺关键】

烤制时要迅速且有节奏地转动烧叉，火候要匀，发现猪皮起细泡时要用小铁针轻轻插入以便排气，但不可插到肉里。

【风味特点】

烤乳猪成品色泽红润，光滑如镜，皮脆肉嫩，香而不腻。

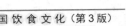

**【典故】**

烤乳猪（见图2-26）是广州著名的特色菜，早在西周时已被列为"八珍"之一，那时称为"炮豚"。清代，烤乳猪被列为"满汉全席"要菜之一，和烤鸭一起，称为"双烤"，是第二摆台的首席，上席时用红绸覆盖，厨师当众揭开片皮，十分隆重。

据传，在我国广东和香港地区的婚宴中，烤乳猪是必备菜品。按广东传统的婚礼习惯，新娘出嫁后三天返回娘家探望，称为"回门"。回门时，男方会将烤乳猪或烧猪作为回礼之物。

图 2-26　烤乳猪

## 三、粤菜的主要特点

粤菜注重色、味、香、形、器、酱，具有清、淡、鲜、嫩、巧、雅等特色。它的主要特点如下。

### 1. 口味清淡，清鲜嫩滑爽香

粤菜调味时注重清而醇，讲究清而不淡，鲜而不俗，脆嫩不生，油而不腻，这是粤菜广受欢迎的根本原因。粤菜调味品种类繁多，遍及酸、甜、苦、辣、咸、鲜，但一般只用少量姜、葱、蒜做料头，少用辣椒等辛辣性作料，也不会大咸大甜。粤菜重色彩，求镬气（又称"锅气"，指用武火把锅烧热，加油，把油烧开，使炒出来的菜有一种香味），火候恰到好处。粤菜追求原料的本味、清鲜味，如活蹦乱跳的海鲜、野味，要即宰即烹，原汁原味。广州人好吃鸡，尤其爱吃白切鸡。白切鸡的做法是水煮沸以后停火，把光鸡放在开水里浸熟，外地人看见骨头里有血不敢吃，其实皮肉全熟了，又保持了鸡的原味，吃的时候才加姜、盐等配料。清平鸡是白切鸡中的佼佼者，被称为"广州第一鸡"，只用白卤水浸制，不加任何配料，但是皮爽肉滑、洁白清香，而且"骨都有味"。这种追求清淡、追求鲜嫩、追求本味的特色，既符合广州的气候特点，又符合现代营养学的要求，是一种比较科学的饮食文化。

### 2. 博采众长，善于变化，制作精良，勇于创新

粤菜具有"杂交"优势，因为粤菜是由中外饮食文化汇合并结合地域气候特点不断创新而成的。历史上几次北方移民到岭南，把北方菜系的烹饪方法传到广东。清末以来，广东的开放使粤菜博采西方烹饪艺术的精华。粤菜的烹调方法有30多种，其中的泡、扒、川是从北方的爆、扒、汆移植来的，焗、煎、炸则是从西餐中借鉴来的。广东人思想开放，不拘教条，一向善于模仿、创新，因此在菜式和点心的研制上，富于变化，标新立异，制作精良，品种丰富。粤菜的菜式还注重随季节时令变化而变异，夏秋求清淡，冬春重浓郁；宴席上的菜式皆冠以美名，如三蛇配老猫和母鸡烩成的菜叫"龙虎凤"，虾仁炒荸荠（马蹄）叫"龙马精神"。粤菜的菜式有5 400多种，单是鸡馔便有几百种之多，几乎每个著名的酒家、食肆都有自己的"招牌鸡"来招徕食客，

著名的有清平鸡、文昌鸡、太爷鸡、东江盐焗鸡、东方市师鸡、陶陶姜葱鸡等。

### 3. 点心多且新

广东有 1 000 多种点心，风味小吃也有数百种之多。传统的美点有薄皮鲜虾饺、干蒸烧卖、糯米鸡、娥姐粉果、荔脯秋芋角、马蹄糕、叉烧包、蟹黄包、奶油鸡蛋卷等；名小吃有肠粉、炒河粉、艇仔粉、及第粥、猪红汤、伦敦糕、萝卜糕、咸水角、凤爪、卤牛杂、薄脆、白糖沙翁、德昌咸煎饼、大良崩砂等，历久而不衰。

【知识拓展】

广东名小吃示例如下。

### 1. 顺记椰子雪糕

顺记椰子雪糕（见图 2-27）是驰名远近的广州西关历史名牌小食，20 世纪 20 年代由小贩吕顺首创。他选用肥厚结实的椰肉做原料，加工成鲜椰丝后榨成椰汁，再配上新鲜的水、牛奶、鸡蛋和白糖，再用独特的制作方法，使雪糕格外软滑可口，椰味浓郁，别具风味。

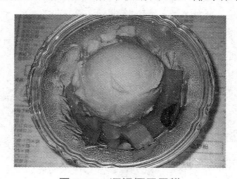

图 2-27 顺记椰子雪糕

### 2. 河粉

粉是广州的一种大众化米制品。因为粉最早出自沙河镇而得名"沙河粉"，至今有 100 多年的历史。取白云山上九龙泉的泉水泡大米，磨成粉浆蒸制，切条而成。粉洁白薄韧，食法有干炒、湿炒、泡食、凉拌等。沙河饭店专门设有沙河粉专席，除咸食、甜食外，还加以各式果蔬榨汁制成彩色沙河粉，色彩缤纷，味道各异。炒河粉如图 2-28 所示。

图 2-28 炒河粉

### 3. 肠粉

肠粉（见图 2-29）是一种米制品，又称"卷粉"。制作肠粉时，将米浆置于特制的多层蒸笼

中或布上逐张蒸成薄皮，分别放上肉类、鱼片、虾仁等，蒸熟后卷成长条，切断上碟。根据所加馅料的不同，肠粉可称为"牛肉肠""猪肉肠""鱼片肠"和"虾米（仁）肠"等，不加馅料的称为"斋肠"；在米浆中加入糖的叫"甜肠"。

图 2-29　肠粉

### 4．泮塘马蹄糕

泮塘在泮溪酒家附近，旧荔枝湾所在地。"泮塘五秀"（包括马蹄、慈姑、茭白、莲藕、菱角）产于这一带。马蹄糕品种有透明马蹄糕、生磨马蹄糕等。泮塘马蹄糕（见图2-30）采用当地的特产马蹄粉做原料，其糕体色泽金黄透明，爽滑且富有弹性，带有一些马蹄的清香之味，特别可口。在饮茶、饭后品尝一两块马蹄糕，别有一番清新的滋味。

图 2-30　泮塘马蹄糕

**【小知识】**

### 粤菜的三大菜系

粤菜由广州菜、客家菜、潮州菜三种地方风味组成，以广州菜为代表，自古就有"食在广州"之说。

（1）广州菜包括珠江三角洲和肇庆、韶关、湛江等地的名食，覆盖地域甚广，用料庞杂，选料精细，技艺精良，善于变化，风味讲究，清而不淡，鲜而不俗，嫩而不生，油而不腻，夏秋力求清淡，冬春偏重浓郁，擅长小炒，要求掌握火候和油温恰到好处。

（2）客家菜，又称"东江菜"。菜品多用肉类，极少用水产，喜用三鸟（鸡、鸭、鹅）、畜肉，很少配菜蔬，酱料简单，主料突出，讲究香浓，下油重，味偏咸，以砂锅菜见长，有独特的乡土风味，

以惠州菜为代表。

（3）潮州菜品种繁多，别具风味，其特点以烹饪海鲜见长，用料广泛，郁而不腻，荤菜素做，汤菜鲜美，保持原汁原味，口味清纯，刀工精巧，注重造型，讲究食疗、养生，辅以各种作料（酱碟）。

# 第五节 浙 菜

## 龙井虾仁

龙井茶叶素以"色绿、香郁、味甘、形美"四绝著称。河虾（青虾）被古人誉为"馔品所珍"，不仅肉嫩味美，营养丰富，且有补肾、壮阳、解毒之功效。取用清明前的龙井新茶与时鲜的河虾烹制的龙井虾仁（见图 2-31），色如翡翠白玉，透出诱人的清香，食之极为鲜嫩，是一道具有浓厚地方风味的杭州传统名菜。

图 2-31 龙井虾仁

关于龙井虾仁，还有这样一个传说。一次，乾隆微服私访，在杭州茶农家喝了一杯龙井新茶，深感清香可口，趁人不备，暗抓了些茶叶离去。后来在市内餐馆用膳，叫店伙计用此泡茶。店伙计看到乾隆穿在里面的龙袍外露一角，急忙告诉店主。店主正值烹调虾仁，惊慌之时竟把店伙计手中的茶叶当成葱末撒到锅内。想不到这道龙井虾仁色泽雅丽，滋味独特，吃得乾隆点头称好。此后，这道菜肴便成了杭州名菜而流传至今。

【想一想】
乾隆下江南的故事广为流传，你听说过哪些名菜的来历与乾隆有关？

## 一、浙菜概况

浙菜起源于新石器时代的河姆渡文化，经越国先民的开拓积累，汉唐时期的成熟定型，宋元时期的繁荣和明清时期的发展，形成浙菜的基本风格。

浙江文化发达，历史悠久，使浙菜成为中国著名的地方菜系。浙菜由杭州、宁波、绍兴和温州为代表的四个地方流派组成。自南宋以来，杭州便是东南经济文化重地，烹饪技艺一脉相承，菜肴制作精细、清鲜爽脆、淡雅细腻，如东坡肉、薄片火腿、西湖醋鱼、宋嫂鱼羹、龙井虾仁、叫花童鸡、油焖春笋、八宝豆腐、西湖莼菜汤等，集中反映了杭州菜（又称"杭帮菜"）的风味特色。宁波、绍兴濒临东海，兼有鱼、盐、平原之利，菜肴以"鲜咸合一"的独特滋味见长，色泽和口味较浓。在取料上，宁波菜以海鲜居多，如雪菜大汤黄鱼、锅烧鳗、黄鱼羹、三丝拌蛏、丰化摇蚶等；绍兴菜以河鲜、家禽见长，富有浓厚的乡村风味，用绍兴酒糟烹制的糟菜及豆腐菜等充满田园气息，如干菜焖肉、白鲞扣鸡、糟熘虾仁、步鱼烧豆腐、清汤鱼圆等。温州古称"瓯"，地处浙南沿海，当地居民的语言、风俗、饮食起居等各方面都自成一体。温州菜以海鲜为主，口味清鲜，淡而不薄，烹调讲究"二轻一重"（轻油、轻芡、重刀工），代表菜有三丝敲鱼、爆墨鱼花、锦绣鱼丝、马铃黄鱼、双味蝤蛑、橘络鱼脑、蒜子鱼皮等。从整体上来看，浙菜具有比较明显的风格，以制作精细、品种多样、清鲜爽脆、淡雅典丽的特点誉满中外。

浙菜的烹饪原料在距今几千年前已相当丰富。春秋吴越时期，越王勾践为复国，加紧军备，并在今绍兴市的稽山办起大型养鸡场，随之出现绍兴名菜清汤越鸡，随后出现杭州名菜宋嫂鱼羹，这就是典籍中所记载的"宋五嫂鱼羹"，距今已有近900年的历史；另有富春江鲥鱼、舟山黄鱼、金华火腿、杭州泗乡豆腐皮、西湖莼菜、绍兴麻鸭、绍兴越鸡、绍兴酒、西湖龙井茶、舟山蝤蛑、安吉竹鸡、黄岩蜜橘等，均为很好的烹饪原料。

浙菜的形成有其历史的原因，同时也受资源特产的影响。浙江位于我国东海之滨，气候温和，土地肥沃，境内有平原，有山区，丘陵绵延，江河纵横，湖泊水库星罗棋布，水陆交通方便。东部沿海渔场密布，有2 000多千米的海岸线，盛产海味，如著名的舟山渔场的黄鱼、带鱼、石斑鱼、锦绣龙虾和蛎、蛤、虾、蟹，还有淡菜、象山青蟹、温州蝤蛑，以及近年发展的养殖虾等，水产资源丰富，有经济鱼类和贝壳水产品500余种。中部为浙江盆地，即金华大粮仓，闻名中外的金华火腿就是选用全国瘦肉型猪之一的金华两头乌猪制成的。西南部丘陵起伏，盛产山珍野味，农舍鸡鸭成群，牛羊肥壮。北半部地处富庶的长江三角洲平原，土地肥沃，河流密布，盛产稻、麦、粟、豆、果蔬，水产资源十分丰富，四季时鲜源源不断。浙江又是大米与蚕桑的主要产地，素有"鱼米之乡"的称号，加上举世闻名的杭州龙井茶叶、绍兴老酒，都是烹饪中不可缺少的上乘原料。

丰富的烹饪资源、众多的名优特产与卓越的烹饪技艺相结合，使浙菜出类拔萃，独成体系。

## 二、浙菜名菜示例

浙菜有它自己独特的烹调技法，常用的有30多种，注重煨、焖、烩、炖等。除人们的地域性口味偏爱外，富饶的特产也是其因素之一。浙菜中，绍兴菜占主导地位，宁波菜发挥了海鲜的优势，温州菜中有许多以海鲜为原料的名菜。杭州规模较大的酒楼楼外楼，开设于清道光年间，以西湖醋鱼、龙井虾仁而闻名；宁波的著名酒楼东福园，以雪菜大汤黄鱼、冰糖甲鱼等正宗的宁波地方菜而闻名。浙菜以其浓郁的文化特色享誉海内外。

浙江著名的风味菜点有西湖醋鱼、龙井虾仁、西湖莼菜汤、虾爆鳝背、宋嫂鱼羹、叫花童鸡、炝蟹、干炸响铃、生爆鳝片、新风鳗鲞、东坡肉、咸菜汤黄鱼、荷叶粉蒸肉、清汤鱼圆、干菜焖肉、冰糖甲鱼、蛎蝗跑蛋、拔丝蜜橘、蜜汁灌藕、金华酥饼、定胜糕、桂花鲜栗羹、宁波汤团等。

1．西湖醋鱼（软熘）

【产地】浙江杭州

【主料和辅料】

活草鱼1条（700克），姜末15克，白糖60克，醋50克，绍兴酒25克，湿淀粉50克，酱油75克。

【工艺关键】

（1）活鱼以宰后1小时左右氽制为最佳。

（2）片鱼时刀距及深度要均匀。

（3）将片好的鱼放入锅中煮时，水不能淹没鱼头及胸鳍，不能久滚，以免肉质老化和破碎。

（4）勾芡要掌握好厚薄，应一次勾成。

（5）最后一道工序，用手勺推搅成浓汁时，应离火推搅，不能久滚，切忌加油；滚沸起泡，立即起锅，用汤汁浇遍鱼的全身即成。

【风味特点】

此菜色泽红亮，酸甜适宜，鱼肉结实，鲜美滑嫩，有蟹肉滋味。

【典故】

西湖醋鱼(见图2-32)相传出自"叔嫂传珍"的故事。古时,西子湖畔住着宋氏兄弟,以捕鱼为生。当地恶棍赵大官人见宋嫂姿色动人，杀害其夫，又欲加害其小叔子，宋嫂劝小叔子外逃，用糖醋烧鱼为他饯行，要他"苦甜毋忘百姓辛酸之处"。后来小叔子得了功名，除暴安良，在偶然的一次宴会上，又尝到这一酸甜味的鱼菜，终于找到隐名遁逃的嫂嫂，于是辞官，重操渔家旧业。后人传其事，仿其法烹制醋鱼，西湖醋鱼就成了杭州的传统名菜，杭州地区各家菜馆均有供应。孤山楼外楼墙壁上曾留有"亏君有此调和手,识得当年宋嫂无"的诗句,可见慕名而来品尝的人日益增多。

图 2-32　西湖醋鱼

2．西湖莼菜汤

【产地】浙江杭州

【主料和辅料】

新鲜西湖莼菜150克,精盐25克,味精25克,熟火腿25克,高级清汤350克,熟鸡脯肉50克,熟鸡油10克。

【工艺关键】

（1）莼菜不可煮太长时间，沸后立即捞出。

（2）必须用高级清汤或用鸡肉火腿原汁汤氽制调味，且少放明油。

（3）熟火腿以上方火腿为佳。

【风味特点】

西湖莼菜汤又称"鸡火莼菜汤"。此菜鲜艳翠绿，滑嫩清香，鸡丝白净，火腿丝嫣红，汤清味美。

图 2-33　西湖莼菜汤

【典故】

西湖莼菜汤（见图 2-33）是杭州独特的古老名菜。"因见秋风起，乃思吴中羹，弃官返故里，为把佳肴尝。"据《世说新语·识鉴》记载："张季鹰辟齐王东曹掾，在洛见秋风起，因思吴中菰菜羹、鲈鱼脍，曰：'人生贵得适意尔，何能羁宦数千里以要名爵！'遂命驾便归。"后人称思乡之情为"莼鲈之思"，可见莼菜之迷人。

3．东坡肉

【产地】浙江杭州

【主料和辅料】

猪五花肉 1 500 克，葱 100 克，白糖 100 克，绍兴酒 250 克，姜块（拍松）50 克，酱油 150 克。

【工艺关键】

（1）取料必须新鲜且肥瘦相间，经氽煮定型后，用直刀切成大小均匀的方块。

（2）焖、蒸结合，掌握好火候，用旺火煮沸，用小火焖酥，再用旺火蒸至酥透，达到形不变、肉酥烂、入口酥的要求。

（3）以酒代水，调料一次加足，突出醇香的地方风味。

【风味特点】

此菜薄皮嫩肉，色泽红亮，味醇汁浓，酥烂而形不碎，香糯而不腻口。

【典故】

此菜相传出自宋代大文学家苏轼的故事。宋元祐年间（1086—1094 年），苏轼出任杭州刺史，发动民众疏浚西湖。大功告成，为犒劳民众，苏轼吩咐家人将百姓馈赠的猪肉，按照他总结的经验烹制成佳肴，与酒一起分送给民众。家人误将酒、肉一起烧，结果肉香醇可口。人们传颂苏轼的为人，因此借用苏轼给自己起的名字"东坡"，将此风味独特的块肉命名为"东坡肉"（见图 2-34）。

图 2-34　东坡肉

4. 新风鳗鲞

【产地】浙江宁波

【主料和辅料】

新风鳗鲞 450 克，姜片 5 克，葱结 5 克，精盐 25 克，白糖 5 克，味精 0.5 克，绍兴酒 15 克，芝麻油 5 克。

【工艺关键】

（1）若鳗鲞干硬，适当多加黄酒同蒸，不但易于回软，而且口味香鲜。

（2）熟后撕成大拇指状小块（同时去刺），不能太碎。

【风味特点】

此菜肉质丰满，鲜咸合一，风味独具，民间至今仍有"新风鳗鲞味胜鸡"之说。

【典故】

鲞（xiǎng）是我国东南沿海渔民喜欢食用的干制鱼品，用黄鱼制成的叫黄鱼鲞，用鳗鱼制成的叫鳗鲞。每年腊冬，正是捕捞海鳗的旺季，此时又是刮西北风的季节，人们把海鳗剖肚挖脏后，挂在避阳的通风处晾干，便为佳品。当地居民把这段时间晾制的鳗鱼干冠以"新风鳗鲞"（见图 2-35）之名。

图 2-35　新风鳗鲞

相传春秋末期，吴王夫差与越国交战，带兵攻陷越地鄞县（今宁波鄞州），在五鼎食中，除牛肉、羊肉、麋肉、猪肉外，御厨取当地的鳗鲞，代替鲜鱼做菜。吴王食后，觉得此鱼香浓味美，与往日在宫中所吃的鲤鱼、鲫鱼不同。待吴王回到宫中，虽餐有鱼肴，但总觉其味不如鄞县的可口。后来他差人到鄞县海边找来一位老渔民，专为他制作鱼肴。渔民将鳗鲞加调味品

后蒸熟，夫差吃后赞不绝口，鳗鲞从此身价大增。

**5．排南**

【产地】浙江金华

【主料和辅料】

净金华火腿中腰峰雄片500克，绍兴酒10克，白糖15克。

【工艺关键】

火腿要先用碱水和清水反复清洗，洗掉表面的油污和油腻，再入锅煮熟，即熟火腿。

【风味特点】

此菜造型美观，咸中带甜。

【典故】

金华火腿已有800多年的历史，早在宋代就被列为贡品。它皮色黄亮，肉红似火，香气浓郁，咸淡相宜，风味独特，四季适用。排南选用上品金华火腿——中腰峰雄片，切成"骨牌"形的小块，整齐排列而成。因"牌"与"排"同音，故杭州人称之为"排南"(见图2-36)。

图2-36　排南

【小知识】

### 金华火腿

相传北宋末年，金人大举入侵中原，俘获了徽、钦二帝，康王赵构于慌乱之中南迁商丘，号称高宗。祖籍浙江金华的名将宗泽见局势紧张，决心收复失地，就在家乡金华招兵买马。他所率的八字军英勇善战，收复了大量失地。义乌农民用当地所产的大量两头乌良种猪肉犒劳众将士。可这么多猪肉要用船运到河南，得走半个月之久，猪肉肯定变质。这时宗泽想出了一个好办法，将硝盐撒在猪肉上，腌渍起来。腌好后将一大船猪肉运到了目的地，打开船舱一看，所有的猪肉全部变成红色，发出一股扑鼻的奇香，烧熟一尝比鲜肉味还美。

宗泽将这种美味无比的两头乌猪肉献给宋高宗赵构，赵构大为喜悦。他一面饮着御酒，一面品尝猪肉，赞不绝口。赵构高兴地说："这不是猪肉，这是火腿！要不它怎么这样火红呢？"并赐名为"金华火腿"。

**6．清汤越鸡**

【产地】浙江绍兴

**【主料和辅料】**

活嫩（童子）越鸡 1 只（1 250 克），青菜心 3 根，绍兴酒 25 克，熟火腿片 25 克，精盐 15 克，熟笋片 25 克，味精 25 克，水发香菇 3 朵。

**【工艺关键】**

（1）越鸡必须是童子鸡，不能太重。

（2）越鸡必须洗净血污，氽水，否则汤不清。

（3）将鸡放入品锅蒸时，背朝下放。

**【风味特点】**

此菜汤清味美，肉质细嫩，鸡骨松脆。

**【典故】**

绍兴在春秋时期曾是越国的都城，越王台就建于卧龙山的东侧。当时，在越王宫内，原先养有一批花鸡，专供帝王、后妃观赏玩乐，后来逐步成为优良的食用鸡种，流传至今，被称为"越鸡"。将其做成清汤越鸡（见图 2-37），美味无比。

图 2-37　清汤越鸡

## 三、浙菜的主要特点

### 1. 选料讲究

浙菜的原料讲究品种和季节时令，以充分体现原料质地的柔嫩与爽脆，所用海鲜、果蔬之品，无不以时令为上，所用家禽、畜类，均以特产为多，充分体现了浙菜选料讲究鲜活、用料讲究部位、遵循"四时之序"的选料原则。具体来讲，选料追求"细、特、鲜、嫩"。

### 2. 烹饪独到

浙菜以烹调技法丰富多彩闻名于海内外，其中，以炒、炸、烩、熘、蒸、烧六类技巧最为擅长。"熟物之法，最重火候"，浙菜因料施技，注重主、配料的配合，口味富有变化。其所擅长的六种技法各有千秋。

另外，浙江的名厨烹制海鲜、河鲜有其独到之处，适应了江南人民喜食清淡鲜嫩之物的饮食习惯，烹制鱼肴时，多有过水处理程序，约有 2/3 的鱼菜以水为传热介质烹制而成，突出鱼的鲜嫩味美之特点。

### 3. 注重本味

浙菜注重清鲜脆嫩，保持原料的本色和真味。清代李渔在《闲情偶记》中曾说"世间好物，

利在孤行"，意思就是要吃上等原料的本味。所谓突出原料本味，是指原料必须经过合理的、科学的烹饪，取其精华，去其糟粕。去其糟粕，即除用"熟"处理外，还需要用葱、姜、蒜、绍兴酒、醋等调味品，去腥膻，驱逐原料的不良之味，增加原料的香味。例如，浙江名菜东坡肉以绍兴酒代水烹制，醇香甘美。

由于浙江物产丰富，因此，在菜品配制时多以四季鲜笋、火腿、冬菇、蘑菇和绿叶时菜等清香之物相辅佐。原料的合理搭配所产生的美味是调味品所不能达到的。例如，雪菜大汤黄鱼以雪里蕻咸菜、竹笋配伍，汤料鲜香味美，风味独特；清汤越鸡则以火腿、嫩笋、香菇为原料蒸制而成，原汁原味，醇香甘美；火夹鱼片则是用著名的金华火腿夹入鱼片中烹制而成的，菜、品两鲜合一，食之香嫩清鲜，其构思巧夺天工。这类例子举不胜举，足以证明浙菜在原料的配伍上有其独到之处。在海鲜、河鲜的烹制上，浙菜以增鲜之味和辅料烹制，突出了原料之本。

**4．制作精致**

浙菜的菜品形态讲究精巧细腻，清秀雅丽。这种风格特色始于南宋，《梦粱录》曰："杭城风俗，凡百货卖饮食之人，多是装饰车盖担儿；盘食器皿，清洁精巧，以炫耀人耳目。"赵宋偏安于江南，都城在临安（今杭州），宫廷中就设有"蜜煎局"，专制各色雕花蜜煎以供御用。蜜煎局的厨师或以木瓜雕成"鹊桥仙"故事，或"以菖蒲或通用草雕刻天师双虎像于中，四周以五色染菖蒲悬围于左右。又雕刻生百虫铺于上，却以薛、榴、艾叶、花朵簇拥"。由此可见，南宋时期厨师食雕技艺之高超。

纵观当今浙江名厨综合运刀技法之娴熟，配菜之巧妙，烹调之细腻，装盘之讲究，其所具有的细腻多变的刀法和淡雅的配色，深得海内外美食家的赞赏，都体现了浙江厨师把烹饪技艺与美学有机结合，创造出了一款款美馔佳肴。例如，传统名菜薄片火腿，片片厚薄均等、长短一致、整齐划一，每片红白相间，造型犹似江南水乡的拱桥；南宋传统名菜蟹酿橙，色彩艳丽，橙香蟹美，构思巧妙，独具一格；创新菜肴锦绣鱼丝，9厘米长的鱼丝整齐划一（足见刀工功底之深厚），缀以几根红绿柿椒丝，色彩艳丽和谐，博得广大食客的赞许。有些菜肴以风景名胜命名，造型优美；也有些菜肴有美丽的传说。文化色彩浓郁是浙菜的一大特色。

浙菜魅力巨大，正如诗人白居易所赞："清明土步鱼初美，重九团脐蟹正肥。莫怪白公抛不得，便论食品亦忘归。"

**【知识拓展】**

浙江名小吃示例如下。

**1．吴山酥油饼**

相传1 000多年前，五代十国末期，赵匡胤在安徽寿县与南唐的李升交战时被围，面临断粮之困，当地人们用栗子面制成酥油饼支援赵军，最终使赵军获胜。960年，赵匡胤在汴梁（今河南开封）建立北宋王朝，当了皇帝，他常命御厨制作此饼，并称此饼为"大救驾"。南宋迁都临安，"大救驾"也从御膳房传至民间，人们用面粉和油起酥仿制此饼，尤以吴山风景点供应的酥油饼别具特色，色白似玉，酥层清晰，食时酥松香甜，油而不腻，被誉为"吴山第一点"。吴山酥油饼（见图2-38）也就成杭州的传统名点而流传至今。

图 2-38 吴山酥油饼

### 2. 宁波汤团

宁波汤团（见图 2-39）是南宋时流传下来的一种传统点心，经过长期的发展已形成独有的特色。制作前将糯米用水磨成粉浆，然后盛入布袋吊起沥水，待沥至不干不黏时取用。这种水粉色白发光，糯而不黏，制成的汤团皮薄绵糯，馅多油润，香甜不腻，自成特色，故有"江南吊浆汤团"之美誉。宁波汤团的出名，还与宁波缸鸭狗汤团店的一段趣闻有关：20 世纪 40 年代，在宁波城隍庙有一个叫江阿狗的摊贩，以卖红枣汤和酒酿圆子为生，后来他学会了做猪油汤团的手艺，生意日见红火，不久后迁到开明街设店，为了招徕顾客，他在店面招牌上以自己名字的谐音画了一只缸、一只鸭和一只狗（江阿狗），这别出心裁的一招，果然引起顾客的好奇，加上他精湛的制作技艺，缸鸭狗汤团的名气也越来越大。

图 2-39 宁波汤团

### 3. 嘉兴粽子

粽子是嘉兴的主要物产，尤其是五芳斋的鲜肉粽子，很有名气。五芳斋始创于 1921 年，至今已有百年历史。嘉兴粽子（见图 2-40）由于用料考究，制作精细，口味纯正，四季供应，故久享盛誉，有"粽子大王"之称，驰名于江、浙、粤、沪三省一市，并已销往海外。以五芳斋为代表的嘉兴粽子，除猪肉、细沙等传统品种外，另有蛋黄、火腿、栗子等数十个新品种。嘉兴粽子成品形态美观别致，箬香芬芳和润，肉质酥烂鲜嫩，肥糯可口不腻，若用筷夹分四块，块块见肉，具有江南独特风味。

图 2-40　嘉兴粽子

# 第六节　湘　　菜

典故导入

## 金　福　鱼

　　石锅鱼，是湘菜中的一道名菜，制作方法很独特，用一块大的花岗石凿成有双耳的石锅，将鱼放在石锅内烹煎，然后，再加上以辣椒为主的各式作料和一些滋补药材，经过一番复杂的烹调工序之后，一锅"石锅鱼"就诞生了。传说清初康熙年间，长沙湘江河畔，有一家小店擅长做一道"石锅鱼"，风味独特。康熙皇帝微服下江南时，在这家小店尝了这道菜，感觉味道鲜美无比，龙颜大悦，欣然提笔将这道菜赐名为"金福鱼"。此后，"石锅鱼"也就变成"金福鱼"了，而这家小店也因此得名"金福林"。

【想一想】

你所吃过的或者听说过的湘菜有哪些？

## 一、湘菜概况

　　潇湘风味，以湖南菜为代表，简称"湘菜"，是我国八大菜系之一。它历史悠久，源远流长，逐步发展为颇负盛名的地方菜系。据考证，早在 2 000 多年前的西汉时期，长沙地区就能用兽、禽、鱼等多种原料，以蒸、熬、煮、炙等烹调方法，制作各种款式的佳肴。著名特产有武陵甲鱼、君山银针、祁阳笔鱼、洞庭金龟、桃源鸡、临武鸭、武冈鹅、湘莲、银鱼及湘西山区的笋、蕈、山珍野味等。

　　随着历史的前进及烹饪技术的不断交流，逐步形成了以湘江流域、洞庭湖地区和湘西山区三种地方风味为主的湖南菜系。

　　湘江流域的菜以长沙、衡阳、湘潭为中心，其中以长沙为主，制作精细，用料广泛，口味

多变，品种繁多，讲究菜肴内涵的精当和外形的美观，色、香、味、器、质和谐的统一，因而成为湘菜的主流。其特点是油重色浓，讲求实惠，在品味上注重酸辣、香鲜、软嫩。在制法上以煨、炖、腊、蒸、炒诸法见长。煨、炖讲究微火烹调，煨则味透汁浓，炖则汤清如镜；腊味制法包括烟熏、卤制、叉烧，著名的湖南腊肉系烟熏制品，既可做冷盘，又可热炒，或用优质原汤蒸；炒则突出鲜、嫩、香、辣，市井皆知。代表菜有海参盆蒸、腊味合蒸、走油豆豉扣肉、麻辣子鸡等。

洞庭湖地区的菜以常德、岳阳两地为主，擅长制作河鲜、水禽。其特点是芡大油厚、咸辣香软。洞庭湖地区的菜多用炖、烧、腊的制法。炖菜常用火锅上桌，民间则将蒸钵置于泥炉上（俗称"蒸钵炉子"）炖煮菜，往往是边煮边吃边下料，滚热鲜嫩，当地有"不愿进朝当驸马，只要蒸钵炉子咕咕嘎"的民谣，充分说明炖菜广为人民喜爱。代表菜有洞庭金龟、网油叉烧洞庭鳜鱼、蝴蝶飘海、冰糖湘莲等，皆为有口皆碑的洞庭湖地区名肴。

湘西山区的菜则由湘西、湘北的民族风味菜组成，擅长制作山珍野味、烟熏腊肉和各种腌肉，口味侧重咸香酸辣，常以柴炭为燃料，有浓厚的山乡风味。代表菜有红烧寒菌、板栗烧菜心、湘西酸肉、炒血鸭等，皆为驰名湘西地区的佳肴。

## 二、湘菜名菜示例

湖南地处长江中游南部，气候温和，雨量充沛，土质肥沃，物产丰富。优越的自然条件和富饶的物产，为湘菜在选料方面提供了物质条件。《史记》中记载，楚地"地势饶食，无饥馑之患"。长期以来，"湖广熟，天下足"的谚语更是广为流传。在长期的饮食文化和烹饪实践中，湖南人民创制了多种多样的菜肴。

湖南著名的菜肴有腊味合蒸、东安子鸡、麻辣子鸡、红煨鱼翅、汤泡肚、冰糖湘莲、金福鱼、面包全鸭、油辣冬笋尖、板栗烧菜心、五元神仙鸡、吉首酸肉等。

1. 东安子鸡
【产地】湖南东安
【主料和辅料】
嫩母鸡1只（1 000克），红干椒10克，花椒子1克，黄醋50克，绍兴酒25克，葱25克，姜25克，鲜肉汤100克，味精1克，精盐3克，熟猪油100克，芝麻油2.5克，湿淀粉25克。
【工艺关键】
（1）选用生长期1年以内的子鸡（仔鸡）最好。
（2）煮鸡的时间不宜过长，以腿部能插进筷子且拔出无血水为宜。
【风味特点】
此菜造型美观，色泽鲜艳，营养丰富，具有香、辣、麻、酸、甜、脆、嫩等特点。
【典故】
传说唐玄宗开元年间，有客商赶路，入夜饥饿，在湖南东安县城一家小饭店用餐。店主老妪因无菜可供，捉来童子鸡现杀现烹。童子鸡经过葱、姜、蒜、辣调味，香油爆炒，再烹以酒、醋、盐焖烧，红油油、亮闪闪，鲜香软嫩，客商赞不绝口，到处称赞此菜绝妙。知县听说后，亲自到该店品尝，果然名不虚传，遂称其为"东安子鸡"（见图2-41）。这道菜流传至今已1 000多年，成为湖南名菜。

图 2-41　东安子鸡

### 2．蝴蝶飘海

【产地】湖南洞庭湖地区

【主料和辅料】

才鱼（又称"黑鱼""食人鱼""蛇皮鱼"等）净肉250克，银鱼100克，冬菇10克，净冬笋10克，火腿肉25克，豆苗尖250克，大白菜心100克，香菜10克，小白菜苞20个，熟猪油25克，精盐5克，味精1克，胡椒粉0.5克，葱5克，姜25克，料酒10克，醋25克，辣椒油15克，鸡清汤1 250克。

【工艺关键】

必须将多条银鱼一起倒入沸腾的火锅汤中。才鱼片必须用筷子夹住，一片一片地放入沸腾的火锅汤中。

【风味特点】

才鱼营养丰富，且有多种功能的药用价值。才鱼片在滚汤中氽过，好似蝴蝶飘海，形象生动，肉质鲜嫩，耐人寻味。

【典故】

在洞庭湖地区，民间历来有七星炉烹煮鱼鲜的习惯，边吃边煮边放料。食用时，先请客人按自己的喜爱兑好调料，接着将鲜银鱼倒入火锅汤中，眼见洁白晶莹的小鱼随沸汤上下翻滚，犹如银梭织锦，又似银箭离弦，令人瞩目。这时用筷子夹上生鱼片，一片一片地从左边投入火锅中，鱼片便伴随滚汤向右边冲去，氽熟后鱼片雪白，微微卷曲，加上中间的红色血脉，俨如栩栩如生的蝴蝶，在豆苗辉映的碧绿"海涛"中翩翩起舞，煞是美观，如图2-42所示。

图 2-42　蝴蝶飘海

3．子龙脱袍

【产地】湖南长沙

【主料和辅料】

鳝鱼肉 300 克，肉清汤 25 克，水发玉兰片 50 克，鲜紫苏叶 10 克，水发香菇 25 克，绍兴酒 25 克，鲜青椒 50 克，黄醋 2.5 克，净香菜 25 克，胡椒粉 0.5 克，鸡蛋清 1 个，味精 1 克，湿淀粉 25 克，精盐 2 克，百合粉 25 克，芝麻油 10 克，熟猪油 500 克。

【工艺关键】

火必须用中火；油必须用猪油，且只烧至五成热。

【风味特点】

此菜色泽艳丽，白、绿、褐、紫四色相映，咸香而鲜，滑嫩适口。

【典故】

子龙脱袍（见图 2-43）又称"熘炒鳝丝"。此菜选用拇指粗的鳝鱼作为主料，去其皮再烹制。子龙即小龙，意指鳝鱼犹如小龙，去皮即脱袍，故名"子龙脱袍"。《名医别录》中将鳝鱼列为补益之上品。它含有蛋白质、脂肪、钙、磷、铁、维生素等营养成分；其性甘温，入肝、脾、肾，有补气养血、温阳益脾、滋补肝肾、祛风通络等功效。

图 2-43　子龙脱袍

## 三、湘菜的主要特点

综观湖南菜系的共同风味，都是辣味菜和腊味菜。以辣味强烈著称的朝天辣椒，全省各地均有出产，是制作辣味菜的主要原料。腊肉的制作历史悠久，在我国相传已有 2 000 多年的历史。湘江流域、洞庭湖地区和湘西山区三个地区的菜各具特色，但并非截然不同，而是同中存异，异中见同，相互依存，彼此交流；统观全貌，则刀工精细，形味兼美，调味多变，酸辣著称，讲究原汁，技法多样，尤重煨烤。

概括来说，湘菜的主要特点如下。

1．品种繁多，门类齐全

就菜式而言，既有乡土风味的民间菜式、经济方便的大众菜式，也有讲究实惠的宴席菜式、格调高雅的宴会菜式，还有味道随意的家常菜式和辅助疗疾健身的药膳菜式。据有关方面统计，湖南现有不同口味的地方菜和风味名菜达 800 多个。

**2．基本刀法有十几种之多**

厨师在长期的实践中，练得手法娴熟，因料而异，具体运用，演化参合，切批斩剁，游刃有余，使菜肴千姿百态、变化无穷。整鸡剥皮，盛水不漏，瓜盅"载宝"，形态逼真，常令人击掌叫绝，叹为观止。

**3．重视原料相互搭配，滋味相互渗透**

湘菜调味尤重酸辣。因地理位置的关系，湖南温和湿润，故人们多喜食辣椒，用以提神去湿。用酸泡菜做调料，佐以辣椒烹制出来的菜肴，开胃爽口，深受青睐，成为独具特色的地方饮食习俗。

**4．烹调方法历史悠久**

湘菜已经形成几十种烹调方法，在热烹、冷制、甜调三大类烹调技法中，每类技法少则几种，多则几十种。相对而言，煨的功夫更胜一筹，几乎能达到炉火纯青的地步。煨，在色泽变化上可分为红煨、白煨，在调味方面有清汤煨、浓汤煨和奶汤煨。小火慢煨，原汁原味，有的菜晶莹醇厚，有的菜汁纯滋养，有的菜软糯浓郁，有的菜酥烂鲜香，许多煨出来的菜肴成为湘菜中的名馔佳品。

【**知识拓展**】

湖南名小吃示例如下。

**1．臭豆腐**

以黄豆为原料的水豆腐，经过专用卤水浸泡半月，再以茶油经文火炸焦，佐以芝麻油、辣酱调味，即成臭豆腐（见图2-44）。它具有"黑如墨，香如醇，嫩如酥，软如绒"的特点，奇在以臭命名，不同于其他食卤以香自诩。臭豆腐闻起来臭，吃起来香，外焦微脆，内软味鲜。这是因为卤水中放有鲜冬笋、浏阳豆豉、香菇、上等白酒等多种上乘原料，故味道特别鲜香。

图2-44　臭豆腐

**2．红烧猪蹄**

准备好原料：净猪蹄，色拉油，盐，味精，料酒，酱油及其他调料。将猪蹄斩成块，焯水；锅内放入色拉油，把姜、葱、桂皮、八角、整干椒炒香，放猪蹄块煸干水分，烹料酒、糖、酱油，炒上色后加水，小火烧至酥烂，进味，如图2-45所示。

图 2-45　红烧猪蹄

**3．洪江血粑鸭**

准备好原料：嫩仔鸭一只，糯米，红椒，色拉油，盐，味精，白酒及其他调料。将糯米洗净，温水浸泡 1～2 小时，红椒切块待用；将鸭宰杀，将鸭血淋在沥干水的糯米上，净鸭斩成块待用；拌匀鸭血和糯米，上笼蒸熟，压成条放入五成热油锅中炸黄沥出，放凉后，切厚片，成鸭血粑；锅中放油，下鸭块煸炒至肉将离骨时，放入鸭血粑和调料焖至入味，淋红油、香油盛入碗内，撒葱花即成，如图 2-46 所示。

图 2-46　洪江血粑鸭

# 第七节　闽　菜

**典故导入**

## 连城地瓜干——片如金

连城地瓜干，早在两三百年前就已驰名中外，成为清代贡品。清宫御厨曾把连城红心地瓜干制成宫廷宴席的上乘名点——片如金，博得慈禧太后的喜爱。连城地瓜干以当地所产红心地瓜制成，不加任何色素，保持天然品质，色泽鲜红，味道甜美，质地软韧，营养丰富，是老幼皆宜的食品，也是馈赠亲友的佳品和宴客的美食。

制作方法一般是将整块地瓜蒸熟去皮，然后压制、烘烤。制成之后可保存几年不坏，既可当零食，也可切成小块，拌上面料、鸡蛋、香料，经油炸再沾上冰糖粉作为酒席名菜。

【想一想】

听说过闽西八大干吗？试着说说你所知道的干货有哪些。

## 一、闽菜概况

"闽菜"是福建菜的简称，是中国主要菜系之一，在中国烹饪文化宝库中占有重要一席。福建的经济文化是南宋以后逐渐发展起来的，清中叶后，闽菜逐渐为世人所知。闽菜由福州、闽南、闽西三路菜组成。福州菜流行于闽东、闽中、闽北地区；闽南菜则广传于厦门、泉州、漳州、闽南金三角；闽西菜则盛行于闽西客家地区，极富乡土气息。闽菜的风格特色是淡雅、鲜嫩、醇和，口味偏重甜、酸和清淡，常用红糟调味。

## 二、闽菜名菜示例

福建位于我国东南部，面临大海，背靠群山，气候温和，雨量充沛，大地常绿，四季如春。沿海地区海岸线漫长，浅海滩涂辽阔，鱼、虾、螺、蚌、鲟、蚝等海鲜佳品常年不绝。辽阔的江河平原盛产稻米、蔗糖、蔬菜、花果，尤以荔枝、龙眼、柑橘等佳果誉满中外。山林溪涧则盛产茶叶、香菇、竹笋、薏米等。《福建通志》有"茶笋山木之饶遍天下""鱼盐蜃蛤匹富齐青""两信潮生海接天，鱼虾入市不论钱""蛙蚶蚌蛤西施舌，人馔甘鲜海味多"等诗句。这些都是古人对闽海富庶的高度赞美。福建人民利用这些得天独厚的资源，烹制出珍馐佳肴，并逐步形成了别具一格的闽菜。

著名的菜肴有佛跳墙、醉糟鸡、酸辣烂鱿鱼、烧片糟鸡、太极明虾、清蒸加力鱼、荔枝肉、鸡茸金丝笋、三鲜焖海参、扳指干贝、茸汤广肚、肉米鱼唇、鸡丝燕窝、鸡汤氽海蚌、煎糟鳗鱼、淡糟鲜竹蛏等菜肴，均具有浓厚的地方色彩。

1．佛跳墙

【产地】福建福州

【主料和辅料】

水发鱼翅500克，净鸭1只，净鸭肫6个，水发刺参250克，鸽蛋12枚，净肥母鸡1只，水发花菇200克，水发猪蹄筋250克，猪肥膘肉95克，大个猪肚1个，姜片75克，羊肘500克，葱段95克，净火腿腱肉150克，桂皮10克，水发干贝125克，绍兴酒250克，净冬笋500克，味精10克，水发鱼唇250克，冰糖75克，鱼肚125克，上等酱油75克，金钱鲍6个，猪骨汤1000克，猪蹄尖1000克，熟猪油1000克。

【工艺关键】

（1）鱼肚要用油泡发；泡刺参时，刺参不能沾油。

（2）最后将各种原料放入坛内，一定要小火煨制，否则达不到效果。

【风味特点】

此菜原料多样，软糯脆嫩，荤香浓郁，汤浓鲜美，味中有味，回味无穷，营养丰富，并能明目养颜、活血舒筋、滋阴补身、增进食欲。

【典故】

相传清同治末年（1874年），福州一个钱庄老板设家宴招待福建布政使周莲，并为这道菜起名"福寿全"。周莲大快朵颐，赞不绝口，回去即命衙厨郑春发前来求教。郑在用料上偏重海鲜，减少肉类，使得味道更加香醇可口。后来，郑辞去衙厨一职，开设聚春园菜馆，供应此菜，生意兴隆。一次，几位举人和秀才慕名而来，品尝此菜。店家端上这道菜后，揭开盖，香气四溢，众人品尝后无不赞好，争相吟诗作赋，有人当场吟诗赞曰："缸启荤香飘四邻，佛闻弃禅跳墙来。"菜名由此改为"佛跳墙"（见图2-47）。

图 2-47　佛跳墙

### 2. 七星鱼丸汤

【产地】福建福州

【主料和辅料】

净海鳗肉600克，芝麻油10克，鲜虾仁30克，精盐10克，干淀粉60克，高汤800克，猪五花肉60克，胡椒粉2克，味精5克，芥菜末5克。

【工艺关键】

制作鱼茸时，要分次加入清水（不要一次全部加入）。用手搅动时一定要沿一个方向搅动。

【风味特点】

此菜色泽洁白，汤清味鲜，鱼丸细嫩可口，风味独具。

【典故】

传说200多年前，有位商人乘船南行经商，才出闽江口，遭遇台风，被困孤岛多日，后粮断了，商人和船主只能以鱼当饭。"天天皆鱼，食之生厌，能否换个口味？"商人叹道。船上厨娘说："厨房只剩一包薯粉。"心灵手巧的厨娘把刚钓到的一条大鳗鱼去皮除刺，鱼肉剁细，抹上薯粉，制成丸子。煮熟一尝，别有风味，商人赞不绝口。

商人脱险后，回到福州，在城内开了一家小饭馆，特聘该厨娘专营鱼丸汤。一天，一位进京赶考的举子尝后，大为赞赏，便题诗一首："点点星斗布空稀，玉露甘香游客迷；南疆虽有千秋饮，难得七星沁诗脾。"商人遂将该汤命名为七星鱼丸汤（见图2-48）。

图 2-48　七星鱼丸汤

3．东壁龙珠

【产地】福建泉州

【主料和辅料】

东壁龙眼 750 克，水发香菇 15 克，鲜虾肉 100 克，饼干末 100 克，猪五花肉 100 克，精盐 15 克，鸡蛋黄 6 个，面粉 100 克，芥菜叶 250 克，香醋 10 克，番茄酱 50 克，白糖 5 克，味精 15 克，花生油 750 克。

【工艺关键】

面粉须下锅用微火炒酥。

【风味特点】

此菜金黄似珠，皮酥馅腴，味清鲜甘爽，以东壁龙眼为主料精制而成，其形如珠，故称"东壁龙珠"。

【典故】

泉州城中有一个著名的千年古刹开元寺，是全国文物保护单位之一。寺内东石塔旁有寺中小寺——古东壁寺，该寺有原僧人所栽龙眼树，至今仍为稀有品种，所结之果称为"东壁龙眼"。其果壳呈花斑纹，壳薄核小，肉厚而脆，甘洌清香，气味尤佳，驰誉国内外。用此东壁龙眼精心烹制的东壁龙珠（见图 2-49）成为地方传统名菜。

图 2-49　东壁龙珠

## 三、闽菜的主要特点

**1. 烹饪原料以海鲜和山珍为主**

由于福建的地理形势，山、海赐给了福建众多神品，给闽菜提供了丰富的原料资源，也造就了几代名厨和广大从事烹饪的劳动者。福建名厨擅长以海鲜为原料，并以蒸、氽、炒、煨、爆、炸等多种烹饪方法制作美味佳肴。

**2. 刀工巧妙，入味菜中**

闽菜注重刀工，有"片薄如纸，切丝如发，剞花如荔"之美称。而且刀工均围绕着"味"字下功夫，使原料通过刀工的技法，更能体现原料的本味和质地。例如鸡茸金丝笋，细如金丝的冬笋丝与鸡茸、蛋糊融为一体。食时，鸡茸松软，不拖油带水，尚有笋丝的嫩脆之感，鲜润爽口，芳香扑鼻；又如爆炒双脆，厨师在加工肚尖时，用剞刀法在肚片里肉剞上横竖匀称的细格花，下刀迅速而富有节奏，刀刀落底，底部又保留一丝厚度（0.01毫米）相连，令人叹为观止，再加上微妙的爆炒，成菜既鲜又脆，造型之美使人赏心悦目。总之，闽菜的刀工立意决不放在华而不实的造型上，而是为"味"精心设计的，没有徒劳的造作，也不一味追求外观的艳丽多姿。

**3. 汤菜考究，滋味清鲜**

汤菜在闽菜中占有绝对重要的地位，它是区别于其他菜系的明显标志之一。这种烹饪特征与福建丰富的海产资源有密切的关系。从烹饪与营养的观点出发，闽人始终把烹调和确保质鲜、味纯、滋补紧密联系在一起。在繁多的烹调方法中，汤或许最能体现菜的本味。因此，闽菜的"重汤"或"无汤不行"，其目的皆在于此。例如鸡汤氽海蚌，系用汤味纯美的三茸汤，渗入质嫩清脆的海蚌之中，达到"眼看汤清如水，食之余味无穷"的效果；又如奶汤草，色白如奶，肉质细嫩甘鲜，味道清甜爽口；再如葱烧蹄筋，汁稠味鲜，葱香浓郁，甜爽可口。纯美的汤，为闽菜风味增添了诱人食欲的美妙韵律。

**4. 调味奇异，甘美芳香**

味美可口是人们对菜肴的共同要求，善于调味恰是闽菜的特色之一。闽菜的调味，偏于甜、酸、淡。这一特征的形成，也与烹调原料多取自山珍海味有关。闽菜厨师善用糖，甜去腥膻；巧用醋，酸能爽口；味清淡，可保留原料的本味。闽菜厨师在长期的实践中积累了丰富的经验，他们根据不同的原料、不同的刀工和不同的烹调方法，调味时坚持做到投料准、时间准、次序准、口味准，使菜肴的口味丰富多彩，变化无穷，构成闽菜别具一格的风味。例如淡糟香螺片、醉糟鸡、红烧兔、茄汁烧鹧鸪、糟汁氽海蚌等，以清鲜、醇和、芳香、不腻等风味特色为中心，在南方菜系中独具一格。

**5. 烹调细腻，丰富多彩**

闽菜的烹调方法多样，不仅熘、焖、氽等独具特色，还擅长炒、蒸、煨的技法。闽菜响铃肉，呈淡黄色，质地酥脆，略带酸甜，吃时有些微响，故称"响铃肉"；油焖石鳞，色泽油黄，细嫩清甜，醇香鲜美。这些菜肴，在外地的福建人都亲切地称为家乡风味，成了维系家乡感情的纽带，所谓"因风思物，因物思乡"，正是这个道理。闽菜的煨制菜肴，具有柔嫩滑润、软烂荤香、馥郁浓醇、味中有味、食而不腻的诱人魅力。闻名中外的佛跳墙，是煨菜之冠，这一名菜，荤香四溢，味道醇厚，历经百年，海外游客纷至沓来，以品尝这个美馔佳肴为一大快事。此外，色调洁白、

和谐美观、鲜嫩松脆、味道爽口的生炒海蚌，清色清澈、鱼肉嫩滑甘美、味道醇香鲜爽的清蒸加吉鱼，肉烂味鲜、糟香袭鼻、质地滑润爽喉、甜美适口的江糟羊，色、形、味均似荔枝，食之酥香细嫩、酸甜鲜美、滑润爽口的荔枝肉等，因深为国内外宾客所嗜而闻名于世。

【知识拓展】

福建名小吃示例——闽西八大干。

**1．长汀豆腐干**

长汀有许多古朴美丽的村庄坐落在崇山峻岭中，"千里莺啼绿映红，水村山郭酒旗风"，不论村庄大小，必有豆腐干和酒一起经营的"太白遗风"店。本地的朴实农民、浙江的香菇客、江西的淘金者及各地来往的旅客，经过酒店小憩，皆喜欢沽一碗米酒，买一块豆腐干，慢饮细嚼，豆腐干的香、咸、甜、韧，令人回味。长汀习俗，凡出远门的人，必带豆腐干馈赠亲友。长汀豆腐干（见图2-50）有3种：五香豆腐干、酱油豆腐干、黄色豆腐干。

图 2-50　长汀豆腐干

**2．连城地瓜干**

连城地瓜干（见图2-51）前已述及，此处不再赘述。

图 2-51　连城地瓜干

**3．宁化老鼠干**

宁化老鼠干（见图2-52），实为田鼠干，系由人工捕捉的田鼠加工制成。田鼠干的加工制作方法，首先是去毛，把捕获的老鼠或架于锅内用热水蒸，或放入炽热的柴灰里焙，只要火候掌

握适度，便可把鼠毛拔得一干二净；其次是剖腹去其肠肚，用水洗干净；最后，用谷壳或米糠熏烤，待烤成酱黄色即可。田鼠干不但美味可口，而且蛋白质含量高，营养丰富，具有补肾之功能，对尿频或小孩子尿床症具有辅助疗效，具有一定的药用价值。

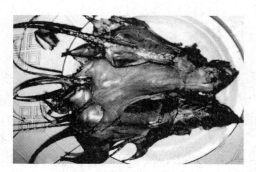

图 2-52　宁化老鼠干

### 4．上杭萝卜干

上杭萝卜干（见图 2-53），早在明代初期就负有盛名，迄今已有五六百年的历史了。上杭萝卜干以它独特的风味和品质著称，具有色泽金黄、皮嫩肉脆、醇香甘甜、开胃消食、清热解毒等优点，可以炒、清炖、油烩，若将其浸泡变淡，加上白糖、醋等更是上等冷盘。上杭萝卜干还含有糖分、蛋白质、胡萝卜素、抗坏血酸等营养成分，以及钙、磷等人体不可缺少的矿物质。

图 2-53　上杭萝卜干

### 5．清流笋干

笋干是以笋为原料，通过去壳、蒸煮、压片、烘干、整形等工艺制取的。清流县加工的闽笋干（见图 2-54）色泽金黄，呈半透明状，片宽节短，肉厚脆嫩，香气浓郁，被称为"玉兰片"。

图 2-54　清流笋干

### 6．武平猪胆肝

武平猪胆肝（见图2-55）在清代就闻名中外,至今已有100多年的历史。武平猪胆肝制作考究,一般经过浸、压、晒等工序制成。要选新鲜、深褐色的糯米猪肝和猪胆一起浸泡于一定浓度的食盐水中,加上适量的五香粉、白酒、八角等配料进行调味,胆汁渗透于肝脏中后,捞起吊晒,每隔2～3天进行一次整形。这样制成的猪胆肝形状美观,色彩均匀,味美质佳。每年冬至来临,天气晴朗,空气干燥,便是当地的人们制作猪胆肝的季节。

图 2-55　武平猪胆肝

### 7．明溪肉脯干

明溪肉脯干（见图2-56）是用精瘦牛肉浸腌于自制的酱油中,加以丁香、茴香、桂皮、糖等配料,经1周左右,再挂在通风处晾干,然后放入烤房熏烤而成的。肉脯干制成后, 色、香、味俱佳,既有韧性又易嚼松,入口香甜,其味无穷,清代时被列为上京贡品。

图 2-56　明溪肉脯干

### 8．永定菜干

据传说,永定菜干（见图2-57）已有400多年的历史,当地的人们历来有制作菜干的习惯,一季制作, 四季可食。它的主要原料是经霜冻后的鲜嫩芥菜或嫩萝卜苗、油菜苗。永定地处闽西南部山区,呈亚热带气候,温暖湿润,是生产菜干的良好原料基地。每年秋收之后,农户都要种芥菜,面积大,产量高。春节前后,家家户户便制作菜干。

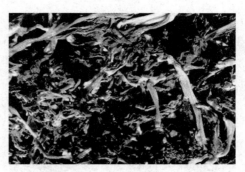

图2-57　永定菜干

# 第八节　徽　　菜

典故导入

## 李鸿章大杂烩

清末，李鸿章备宴请洋人。吃了几个小时，洋人不肯下席。总管对李鸿章附耳低言："中堂大人，菜吃完了，怎么办？"李鸿章略加思索，说道："把撤下去的残菜用大盆装着端上来，要加热。"总管满面含笑而去。不一会儿，一大盆热气腾腾的残菜端上来了。洋人纷纷下箸，都说好吃。其中一位洋人问道："中堂大人，你们中国有个奇怪的习惯，总是把好吃的放在最后！这好吃的菜叫什么名字？"洋人说的是蹩脚汉语，李鸿章虽然听懂了，但一时想不出一个恰当的名字，只好答非所问："好吃多吃！"谁知这一下歪打正着，汉语的"好吃多吃"与英语的"杂烩"（Hotchpotch）发音相近。此后洋人吃中餐，每宴必点此菜，不过不再是残菜混合，而是各种原材料的精心组合罢了。因为此菜来自李鸿章，所以称为"李鸿章大杂烩"。

经改进，李鸿章大杂烩这道菜已经很讲究了，如以鸡杂、肚片、火腿、面筋、香菇、山笋、海参等垫底，用麻油烧酥，然后装入陶盆，点以白酒、酱油等作料，放在炭基上用文火慢烧，直至油清菜熟方可上桌。混合精华是李鸿章大杂烩这道菜的亮点，鲜香可口，鲜而不腥，醇香不腻，咸鲜可口，具有补虚填精、健脾胃、活血脉、强筋骨的功效。

**【想一想】**

你听说过安徽有哪些特产吗？把你所知道的与同学们一起分享。

## 一、徽菜概况

徽菜又称"皖菜"，即安徽风味菜，是中国著名的八大菜系之一，以烹制山珍野味而著称。徽菜发端于唐宋，兴盛于明清，民国期间继续发展，后又进一步发扬光大。徽菜具有浓郁的地方特色和深厚的文化底蕴，是中华饮食文化宝库中一颗璀璨的明珠。其风味包含皖南、沿江、沿淮三种地方菜肴。皖南菜是安徽菜的主要代表，它起源于黄山山麓的歙县（古徽州）。后来，

由于新安江畔的屯溪小镇成为祁红、屯绿等名茶和徽墨、歙砚等产品的集散中心，商业兴起，饮食业发达，徽菜也随之传播到了屯溪，并得到了进一步的发展。

徽菜的形成与古徽州独特的地理环境、人文环境、饮食习俗密切相关。绿树成荫、沟壑纵横、气候宜人的自然环境，为徽菜提供了丰富的原料。得天独厚的条件成为徽菜发展的有力物质保障；同时，徽州名目繁多的风俗礼仪、时节活动，也有力地促进了徽菜的形成和发展。

## 二、徽菜名菜示例

安徽地处华东腹地，气候温和、雨量适中，四季分明、物产丰盈。皖南山区和大别山区盛产茶叶、竹笋、香菇、木耳、板栗、山药和石鸡、石鱼、石耳、甲鱼等山珍野味，著名的祁红茶、屯绿是驰名于世的安徽特产；长江、淮河、巢湖是中国淡水鱼的重要产区，为徽菜提供了鱼、虾、蟹、鳖、菱、藕、莲、芡等丰富的水产资源，另外，长江鲥鱼、淮河肥王鱼、巢湖银鱼、大闸蟹等都是久负盛名的席上珍品；辽阔的淮北平原、肥沃的江淮和江南圩区盛产各种粮、油、蔬果、禽畜、蛋品。例如，砀山酥梨、萧县葡萄、涡阳苔干、太和椿芽、水东蜜枣、安庆豆酱等都早已蜚声中外，给徽菜的形成和发展提供了良好的物质基础。

徽菜的主要名菜有火腿炖甲鱼、腌鲜鳜鱼、无为熏鸭、符离集烧鸡、问政山笋、黄山炖鸽、酥糊里脊、杏仁鸡饼、雪淋鸡、八宝鸡、饽饽鸭、鸭脚包、五香烧牛肉、清蒸石鸡、松子酥肉、蒋大顺糟肉、李鸿章大杂烩、奶汁肥王鱼、毛峰熏鲥鱼等上百种。

1．清炖马蹄鳖

【产地】安徽黄山

【主料和辅料】

甲鱼1只（约750克），火腿骨1根，火腿肉100克，葱结、姜片、冰糖、熟猪油各10克，精盐1克，绍兴酒25克，白胡椒粉1克，鸡清汤750克。

【工艺关键】

甲鱼必须用马蹄鳖。

【风味特点】

清炖马蹄鳖汤汁清醇，肉质酥烂，裙边滑润，肥鲜浓香。

【典故】

皖南山区，山高背阴，溪水清澈，浅底尽沙，所产之甲鱼质地高出一等，腹色青白，肉嫩胶浓，无泥腥气，当地民谣说"水清见沙底，腹白无淤泥，肉厚背隆起，大小似马蹄"，故称"马蹄鳖"。此即清炖马蹄鳖（见图2-58）所用主料。

图2-58 清炖马蹄鳖

2．老蚌怀珠

【产地】安徽蚌埠

【主料和辅料】

净蚌肉 2 500 克，鸡蛋清 1 个，虾仁 100 克，黄酒 25 克，青菜叶 3 片，精盐 7.5 克，葱姜汁 5 克，味精 2.5 克，胡椒粉 2.5 克，肉汤 1 000 克。

【工艺关键】

用木棒捶蚌肉时，要在肉边上轻捶，将肉边捶松即可；煮时用小火，使得肉烂而不碎，便于进一步加工。

【风味特点】

老蚌怀珠系将蚌肉煮熟后剖开，夹虾丸，再以清汤、河鲜合味，堪称一绝。

【典故】

老蚌怀珠（见图 2-59）乃蚌埠名肴。蚌埠位于淮河之滨，因盛产河蚌而得名，又因河蚌孕珠，又称"珠城"。据史书记载：东汉末年，袁术军屯江淮地区，因军无粮食，不得不以蚌充饥。数十万大军能以蚌肉为食粮，河蚌之多可以想象。

图 2-59　老蚌怀珠

3．金边红心月牙蹄

【产地】安徽淮南

【主料和辅料】

猪前蹄髈 5 000 克，精盐 400 克，白糖 50 克，葡萄糖粉 50 克，料酒 25 克，生姜 25 克，味精、咖喱粉、麻油、酱油、白胡椒、葱花适量。

【工艺关键】

猪前蹄髈要腌制 12 小时后才可出缸。

【风味特点】

此菜形似月牙，色泽枣红，肉质细嫩，醇香可口。食用时一剖两半，呈半月形，切面晶亮有韧劲，中间鲜红，表皮金黄。

【典故】

金边红心月牙蹄（见图 2-60）选料精细，加工考究，在色、香、味、形上博采众长，风味独特。相传在晋代，"竹林七贤"尝遍满桌佳肴，唯对此蹄倍加青睐，借酒助兴，举杯行吟。

图 2-60　金边红心月牙蹄

4．蟹连鱼肚

【产地】安徽沿江地区

【主料和辅料】

活蟹 750 克，酱油 5 克，鳜鱼肉 200 克，白胡椒粉 5 克，油发鱼肚 50 克，食用碱 5 克，小葱末 5 克，干淀粉 10 克，姜末 5 克，湿淀粉 3 克，香菜 50 克，鸡汤 100 克，精盐 5 克，熟猪油 15 克。

【工艺关键】

制作蟹连鱼肚时，鱼肚须选用鲥鱼鱼肚，蟹须选用安徽大闸蟹，方能显出徽菜特色。

【风味特点】

"蟹肉上席百味淡"。此菜的鱼肚上置蟹肉、蟹黄，并加配料组合成黄、白、橘红、黑、绿五色。

【典故】

长江安徽河段产鲥鱼，肉味鲜美，其鳔肥厚，干制成鱼肚，色淡黄，胶厚，韧性大，为名贵水产原料。苏轼曾写诗赞曰："粉红石首仍无骨，雪白河豚不药人。"诗中道出了鲥鱼的特别之处：肉质白嫩，鱼皮肥美，兼有河豚、鲫鱼之鲜美，而无河豚之毒素和鲫鱼之刺多。因此，制成的蟹连鱼肚（见图 2-61）颇受欢迎。

图 2-61　蟹连鱼肚

5．绿荷包肉

【产地】安徽亳州

**【主料和辅料】**

鲜嫩荷叶 1 张，猪五花肉 750 克，酱油 100 克，葱 100 克，姜 50 克，料酒 75 克，冰糖 20 克，大茴香、小茴香、精盐适量。

**【工艺关键】**

猪肉须先腌制，荷叶须用新鲜荷叶。

**【风味特点】**

此菜色泽金黄，清香馥郁，肉质酥烂，味道鲜美，肥而不腻，别具风味。

**【典故】**

据传，清末的亳州武官姜桂题（外号"姜老锅"）爱吃鲜藕，家中专门种植了数亩莲藕。1901 年 9 月，《辛丑条约》签订后，慈禧太后和德宗（光绪皇帝）西巡回京，姜桂题受李鸿章指派，带兵赴河南时，中途回到家乡，闻到一股绿荷清香，便垂涎欲滴。由于疲劳，他又渴又饿，乡亲们特以绿荷包肉（见图 2-62）招待他，他食之倍觉清香鲜美。姜桂题回京后，还常念叨着绿荷包肉的独特风味。自此以后，绿荷包肉在亳州一带便很有名了。

图 2-62　绿荷包肉

## 三、徽菜的主要特点

在悠久的历史长河中，徽菜经过历代徽厨的辛勤劳动，兼收并蓄，不断总结，不断创新。徽菜的主要特点如下：就地取材，选料严谨；巧妙用火，功夫独特；擅长烧炖，原汁原味；酥嫩鲜香，浓淡适宜；讲究食补，以食补身；注重本味，菜式多样；注重文化，底蕴深厚。因而，徽菜成为雅俗共赏、南北兼宜、独具一格、自成一体的著名菜系。

徽菜的烹饪技法，包括刀工、火候和操作技术。徽菜之重火工是历来的优良传统，其独到之处集中体现在擅长烧、炖、熏、蒸类的功夫菜上，不同菜肴使用不同的控火技术是徽厨造诣深浅的重要标志，也是徽菜能形成酥、嫩、香、鲜独特风格的基本手段。徽菜常用的烹饪技法约有 20 大类 50 余种，其中很能体现徽菜特色的是滑烧、清炖和生熏。

徽菜的传统品种多达千种以上，前已述及，其风味包含皖南、沿江、沿淮三种地方菜肴的特色风味。

（1）皖南菜以徽州地区的菜肴为代表，是徽菜的主流与发源地。其主要特点是喜用火腿佐味，以冰糖提鲜，善于保持原料的本味、真味，口感以咸、鲜、香为主，放糖不觉其甜。

（2）沿江菜盛行于芜湖、安庆及巢湖地区，以烹调河鲜、家禽见长，讲究刀工，注重形和色，善于以糖调味，擅长烧、炖、蒸和烟熏技艺，其菜肴具有清爽、酥嫩、鲜醇的特色。

（3）沿淮菜以淮河流域的蚌埠、宿州、阜阳的地方菜为代表，擅长烧、炸、熘等烹调技法，爱以芫荽、辣椒调味和配色，其风味特点是咸、鲜、酥脆、微辣、爽口，极少以糖调味。

**【知识拓展】**

安徽名小吃示例如下。

**1. 大救驾**

大救驾（见图2-63）是安徽省寿县的名产。956年，后周大将赵匡胤奉诏攻打寿州（今寿县），久攻不克，积劳成疾，食用这种糕点，竟恢复了健康。后来赵匡胤做了宋朝皇帝，为此菜赐名"大救驾"。大救驾色泽淡黄，外皮酥脆，馅细软，口味酥松、香甜，有果料香味。

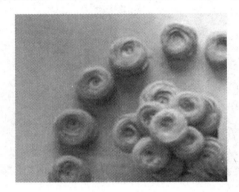

图2-63　大救驾

**2. 秤管糖**

秤管糖（见图2-64）是徽州的有名糕点。这是一种有特色的饴糖制品，其形状像一根根切断了的大秤管，故称为"秤管糖"。其用饴糖裹着白芝麻或黑芝麻，里面有一个白色的糖心，糖心是白糖拌以芝麻粉、米粉做成的。如将其搓捏得更细（似钢笔筒）即成一品香。其特点是松脆，不粘牙，甜香适口，老少皆宜。

图2-64　秤管糖

**3. 绩溪菜糕**

制作绩溪菜糕（见图2-65）时，先将糯米放在水中浸透，然后在乡间的水碓或石臼上捣碎，再用细细的铜细筛筛出，加工成米粉，晒干后储藏起来。食时将糯米粉盛放在木盆内，加入适

量水和微量酒酿制，搅拌成糯糊状，并保持一定的温度，让其发酵。当糯米粉糊发酵成蜂窝状时，遂按甜、咸两种蒸糕味道配料。甜蒸糕在糯米粉糊内拌入若干白糖、小红枣及红绿丝即可；咸蒸糕则将事先炒熟的豇豆干丁、豆腐干丁和瘦猪肉丁拌入糯米粉糊中。配好料后倒入蒸笼内，厚度均约1厘米。蒸糕时，将蒸笼一层一层地叠放在锅内，盖好锅盖，先温火烧四五分钟，旋即转旺火烧10分钟左右，等锅内蒸气上顶数分钟后，再用温火烧若干分钟，当锅内散发出特有的香味时，蒸糕便成了。

图 2-65　绩溪菜糕

# 第九节　其他风味流派

## 一、京菜

### 1. 概况及特点

京菜又称"北京菜"。北京是我国的首都，也是元、明、清历代古都之一，这一特殊地位，为北京菜系的形成和发展创造了有利条件。由于满、蒙、回等少数民族长期定居北京，因此擅长烹制羊肉菜肴，以烤羊肉、涮羊肉著名。京菜又吸收山东风味的优点，并继承明、清两代宫廷菜肴的精华，故有全国综合性的特点。代表菜有北京烤鸭、熘鸡脯、酱色鸡丁、醋椒鱼、糟熘鱼片、拔丝山药等。

### 2. 名菜示例

【菜名】北京烤鸭

【产地】北京

【主料和辅料】

北京填鸭1只（约1 000克），蜂蜜50克，盐、料酒、酱油适量，面包、苹果各1个。

【工艺关键】

（1）鸭体充气要丰满，皮面不能破裂。

（2）晾鸭坯时要避免阳光直晒。

【风味特点】

此菜色泽红艳，肉质细嫩，味道醇厚，肥而不腻。

【名店介绍】

焖炉烤鸭和挂炉烤鸭是北京烤鸭的两大流派。有着近600多年历史的老字号"便宜坊"为焖炉烤鸭的代表，已经就焖炉烤鸭技艺申请了国家非物质文化遗产保护。1864年，"全聚德"烤鸭店挂牌开业，烤鸭技术又发展到了"挂炉"时代。

【典故】

北京烤鸭（见图2-66）曾是元、明、清历代宫廷御膳珍品，后传入民间，步入中国食坛，享誉中外。"京师美馔，莫过于鸭。"凡来北京旅游的国内外宾客，都以一尝北京烤鸭为快事。在北京流传着这样一句话："不到长城非好汉，不吃烤鸭真遗憾。"

图2-66　北京烤鸭

## 二、沪菜

1．概况及特点

沪菜又称"上海菜"。它既包括上海本地风味的传统菜，即本帮菜，又包括汇集并经过变革的各种风味菜。沪菜的基本特点如下：风味多样，适应面广，口感平和，质感鲜明，选料严谨，加工精细，菜式清新秀美，富有时代气息，色、香、味、形、质并举，以滋味媚人。代表菜有虾子大乌参、青鱼下巴甩水、鸡骨酱、桂花肉、八宝鸡、枫泾丁蹄、糟钵头等。

2．名菜示例

【菜名】虾子大乌参

【产地】上海

【主料和辅料】

乌参1只（水发后约300克），虾子（干虾子）10克，西蓝花150克，胡萝卜50克，高汤300克，鲍汁3克，糖3克，味精8克，葱段、姜块各5克，绍兴酒5克，湿淀粉10克，葱油15克。

【工艺关键】

一定要选上乘原料，虾子为虾卵，乌参选软硬适中者。

【风味特点】

此菜制成后上席，乌黑发亮，质软酥烂，鲜香汁浓。

【名店介绍】

德兴馆是沪菜的发祥地，创于清光绪九年（1883年）。虾子大乌参是德兴馆的著名菜肴，其

乌黑发亮，酥烂味美。

【典故】

德兴馆的虾子大乌参（见图2-67）是有名的特色菜。在20世纪20年代，洋行商业街的海味行经营的海参身价不菲，但因它的参皮坚硬，人们不知如何食用，故而销路不佳，乏人问津。有一家海味行的老板忽然来了灵感：何不请人研究海参的食用方法，烧出美味佳肴，从而进行宣传推广。于是，他就与近邻德兴馆的老板商量，愿意无偿向饭店提供海参，请厨师试制菜肴。于是，他首先向德兴馆提供了一批大乌参，德兴馆的两位厨师杨和生与蔡福森对着这些从未试用过的大乌参反复琢磨、反复试验，先将乌参用火烤焦，铲去硬壳，再用水浸泡至软，沥干后用热油稍炸，然后加上笋片、白糖、味精、鲜浓汤、油卤进行烹制。烹成了红烧大乌参，乌参油光发亮、酥烂鲜香，食者无不拍案叫绝。一时间，这道佳肴风靡了整个上海滩，其他饭店纷纷仿制，海味行的海参自然成了抢手货。后来，厨师又加上干河虾子作为配料，与红烧肉的卤汁共同焖烧，味道更加鲜美，菜名也改为了"虾子大乌参"。

图2-67　虾子大乌参

## 三、鄂菜

### 1. 概况及特点

鄂菜又称"湖北菜"。它由武汉、荆州、黄州等地方菜发展而成，其中以武汉菜为代表。湖北省位于我国长江中游地区，气候温和湿润，境内河网交织、湖泊密布，物产丰富，是著名的"鱼米之乡"。鄂菜制作精细，以汁浓、芡稠、口重、味鲜见长。其中武汉菜注重刀工和火候，讲究配色和造型，煨汤技术尤有独到之处；荆州菜以烹制淡水鱼鲜见长，尤以蒸菜著名，用芡薄，味清纯；黄州菜用油稍宽，火候恰当，汁浓口重，味道偏咸，富有乡村风味。鄂菜的烹调方法有蒸、煨、炸、烧、炒等，代表菜肴有碗装青鱼、清蒸武昌鱼、银耳橘羹、酥炸葱虾、峡口明珠汤、清炖甲鱼裙、氽偏口鱼、双黄鱼片等。

### 2. 名菜示例

【菜名】碗装青鱼

【产地】湖北黄州

【主料和辅料】

青鱼肉500克，猪油100克，虾子10克，味精2.5克，水发海参100克，精盐2.5克，绍兴酒15克，胡椒粉1克，淀粉40克，葱段5克，酱油50克，姜末10克，水发冬笋50克。

**【工艺关键】**

烹制时采取大、小火和烧、焖结合的方法方能使菜进味，翻动时要顺着鱼的块形翻动，以免鱼块碎散。

**【风味特点】**

碗装青鱼又称"一品青鱼"，色泽黄亮，鱼块整齐，肉质鲜嫩，清香味美。

**【名店介绍】**

武汉卢大师酒店管理有限公司于2001年注册成立。它是以鄂式特色家常菜为主的中式餐饮连锁经营企业，曾先后获得"中华餐饮名店""湖北风味名店""私营经济先进企业""行业十佳"等荣誉称号，被中国烹饪协会授予"中华餐饮名店"。

**【典故】**

苏轼初到黄州时，十分赞赏长江独特的青鱼。安国寺的参寥和尚对苏轼的遭遇极表同情，几经拜谒，二人结为至交。一日苏轼应邀，竹杖芒鞋，步履安国寺，待至山门时，一股奇香由寺中飘来。原来和尚素知苏轼喜品美食，特烧青鱼，置于磬内，借以向苏轼索取佳句。二人见面寒暄之后，苏轼问及以何佳肴待友时，和尚答"佳肴非佳句不得"。苏轼诙谐地说："我偶得一句，尚苦思下句不得，何来佳句。"当和尚乘兴请教时，苏轼一笑吟道"向阳门第春常在"，和尚原以为又是绝唱，不想却是常见的春联上句，不禁笑道"下句不是'积善人家庆有余'吗？"苏轼哈哈大笑道："既然庆有余，就请把'磬'拿出来吧！"和尚这才恍然大悟，于是取出鱼肴，二人相对，开怀畅饮。畅谈中，苏轼对鱼鲜、笋香及烹调技艺倍加赞赏，遂赋诗曰："长江绕郭知鱼美，好竹连山觉笋香。"和尚却道："区区小技，何劳食郎费齿，如喜此物，后当以大碗待之，为预祝鹏程万里，就请赐名一品青鱼吧！"此佳话传入民间，争相仿制，且广为流传。现今，碗装青鱼（见图2-68）已成为湖北著名鱼肴。

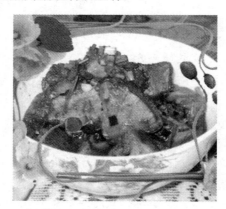

图 2-68　碗装青鱼

# 四、冀菜

## 1. 概况及特点

冀菜又称"河北菜"。冀菜有三大流派：冀中南派、宫廷塞外派、京东沿海派。冀中南派以保定为代表，特点是选料广泛，以山货和白洋淀的鱼、虾、蟹为主，重色香，重套汤；宫廷塞外

派以承德为代表，特点是选用当地原料入馔，善烹宫廷菜及山珍野味，似北京宫廷菜，但忌牛、兔，刀工精细，重火工，讲究造型与装菜器皿，口味香酥咸鲜；京东沿海派以唐山为主，因濒临渤海，以烹制鲜活海产见长，特点是原料丰富，刀工细腻。

2．名菜示例

【菜名】二毛烧鸡

【产地】河北邯郸

【主料和辅料】

精选生鸡1只，酱油适量，砂仁、良姜、肉桂、陈皮、白芷等十几味药料。

【工艺关键】

用火文武兼施，火候掌握适当。

【风味特点】

鸡熟透离骨，肉嫩且烂，咸香清醇，回味鲜美。

【名店介绍】

因第一代开业者社会地位低下，没有人叫他真实姓名，而是直呼他的诨名"二毛"。于是，他煮的烧鸡也就被称为"二毛烧鸡"了。二毛烧鸡现居邯郸"八大地方风味名吃"之首。"二毛"本是对开业者的贬称，但"二毛烧鸡"却成了名贵食品的美称。

【典故】

二毛烧鸡（见图2-69）始创于清仁宗嘉庆十四年（1809年），其创始人名为王德兴。起初，王德兴在城内开了家烧鸡铺，有一天，他去朋友家做客，临出门时把作料和生鸡放在一起在锅里用微火炖，次日清晨回来时，一股香味扑鼻而来，刚刚出锅的烧鸡用手轻轻一抖，鸡肉就自然脱落，吃起来肉烂味鲜，咸香清醇，碎小骨头一嚼就烂，回味悠长。王德兴遂以此法炮制，做出的烧鸡大卖，随之生意兴隆。

图 2-69  二毛烧鸡

# 五、陕菜

1．概况及特点

"陕菜"是陕西菜的简称，又称"秦菜"，由历史上的宫廷菜、官府菜、商贾菜、寺院菜、市肆菜、民间菜、民族菜和关中菜、陕南菜、陕北菜两个方面组成，是中国重要的地域菜。陕菜在周、秦、

汉、隋、唐时期是中国的代表菜，如今是中国五大风味流派之一，现已有凉菜、热菜 800 余种，面点小吃 1 000 余种。陕菜擅长汆、煸、蒸、炒、炖等烹制方法，滋味囊括辛辣、浓郁、清爽，突出酸辣鲜香，风味各异。关中风味是陕菜的代表，代表菜有鸡米海参、温拌腰丝、桃仁口蘑汆双脆、奶汤锅子鱼、酿金钱发菜、莲蓬鸡、带把肘子、水磨丝、猴戴帽、蜜汁轱辘等；陕北风味指包括榆林、延安在内的菜肴，主要代表菜有手抓羊肉、羊肉冻豆腐、红焖狗肉、塞上烩菜等；陕南风味指包括汉中、商洛、安康在内的菜肴，主要代表菜有白血海参、汉江八宝鳖、秦巴四珍鸡、烧鱼梅、商芝肉、木樨肉锅贴、薇菜里脊丝等。

2．名菜示例

【菜名】猴戴帽

【产地】陕西大荔

【主料和辅料】

猪瘦肉 100 克，酱油 25 克，韭菜 100 克，绍兴酒 10 克，精盐 1 克，味精 2.5 克，醋 25 克，芥末糊 15 克，湿淀粉 5 克，汤 25 克，芝麻酱 25 克，菜籽油 500 克，芝麻油 10 克，绿豆粉皮 500 克。

【工艺关键】

肉丝必须加在粉皮之上，才谓之"戴帽"。

【风味特点】

此菜肉丝鲜嫩味美，粉皮光滑爽口，芥香、酱香诱人。

【名店介绍】

西安饭庄、新桃花源休闲山庄、大唐芙蓉园御宴宫、户县饭店是陕菜的四大名店。西安饭庄始建于 1929 年，最出名的是店内的"宫廷宴""风味宴""小吃宴"和"药膳宴"，店名"西安饭庄"四个字是由大文豪郭沫若先生题写的。西安饭庄早起小吃宴较有名气，其中大家熟知的肉夹馍就是早起的主食之一。

【典故】

猴戴帽（见图 2-70）以猪肉丝为主料，配以绿豆粉皮，肉丝覆盖在粉皮之上，形如戴帽，故名"猴戴帽"。此菜又称"升官图"。相传清朝年间，阎阁志丹初因修朝邑"丰图义仓"，使当地遭受 18 年灾荒的饥民得到赈济。阎阁志丹回乡省亲时，地方官员举办宴席为他接风，进献此菜，并改名为"升官图"，以祝阎阁志丹官运亨通。此后凡新官上任必进献此菜。

图 2-70 猴戴帽

课后作业

**一、填空题**

1. 鲁菜的主要特点是_____、_____、_____。

2. 川菜的主要特点是_____、_____。

3. 苏菜的共同特点是_____、_____、_____、_____。

4. 湘菜的主要特点是_____、_____、_____、_____。

5. 闽菜的主要特点是_____、_____、_____、_____、_____。

6. 安徽名小吃有_____、_____、_____。

**二、简答题**

1. 川菜以什么口味为主？

2. 粤菜的主要特点是什么？

3. 浙菜的主要特点是什么？

4. 徽菜的主要特点是什么？

5. 京菜的代表菜是什么？

6. 沪菜的代表菜是什么？

**三、简述题**

1. 同一桌客人对某一菜点的评价有争议，有的说该菜太咸，有的说该菜太淡。请分析一下，为什么人们会对同一菜点的评价有很大的差异。

2. 多年来，咕咾肉的菜系归属一直存在着很大的争议，请你根据所学知识，收集资料来阐述你的观点。

**四、实训题**

1. 请你以山东风味餐厅的一名优秀服务员的角色，向顾客模拟推荐 1 ～ 5 道山东风味的特色菜肴（要求：语言设计口语化，可以设计成对话形式，并进行角色扮演）。

2. 请你向顾客推荐三道四川风味的特色菜肴（内容要求包括菜肴名称、产地、主料和辅料、色泽、口味、传说故事等。形式上要求语言口语化，设计成对话形式，并进行角色扮演）。

3. 请你以服务员的角色向顾客介绍 3 ～ 5 道湖南名菜。

**五、能力拓展题**

1. 请你为顾客设计制作一份浙菜菜单。

2. 请你以点菜员的角色，为十位顾客设计一桌精美的安徽风味特色菜肴。

3. 通过不同途径收集资料，列出"满汉全席"的菜单。

4. 请你设计一份 1 000 元标准的闽菜特色菜单。

# 第三章 中国菜点的层次构成

**学习目标**

1. 了解中国菜点的层次构成。
2. 掌握不同层次菜点的主要特点。
3. 能以服务员的角色向顾客模拟推荐 1～5 道特色地方名菜。

## 第一节 宫 廷 菜

典故导入

### 游龙绣金钱

宫廷菜里有一道酥香味美的名菜，叫"游龙绣金钱"（见图3-1），它是用鳝鱼、虾仁等，辅以十余种配料精心制成的。

图3-1 游龙绣金钱

相传，乾隆第一次下江南私访民情时，一天傍晚，来到一个小村，见一家门前有个老妇人在缝补衣服。乾隆拱手上前问道："老妈妈，这是什么地方？""是温竹岗。"老妇人一边回答一边缝衣服。只见乾隆称赞道："好一个温竹岗！"太监刘计赶忙上前轻声问天色已晚是否住在此地。乾隆点点头，表示同意。于是刘计问老妇人家中有几口人。老妇人只顾穿针，没顾上回答，刘计又问："想在此借住一宿怎样？"老妇人仍未回答，刘计刚要发火，只见乾隆接过针线，把针

线引上。老妇人看了看乾隆和刘计，微笑着说："我家就两个人。"这时，老头打鱼回来，见门前站着两位文质彬彬的客人，便爽快地把他们让进茅舍，道："如不嫌弃，就进屋休息。"乾隆仔细打量小屋，房子虽小，但收拾得很干净。老头吩咐老伴赶紧安排晚饭。一会儿，酒菜端上，老妇人手艺很高，用老头刚打回的鱼和鲜虾做了四个拿手好菜。诱人的菜香阵阵传来，饿了一天的乾隆主仆大口大口地吃起来，菜酥脆鲜香，乾隆吃了很多。几杯酒后，乾隆才问："老妈妈，此菜唤作何名？"老妇人只会做菜，哪里给菜起过名字。乾隆见状，根据菜品的原料和形象，说道："叫游龙绣金钱可否？"回到宫中，乾隆始终不忘此菜，特派专人前去学此菜，从此游龙绣金钱这道美食佳肴在宫中、民间广泛地流传开来。

### 【想一想】

你还知道哪些宫廷菜？

所谓宫廷菜，是奴隶社会王室和封建社会皇室所享用的肴馔。身居王室和皇宫中的帝王，不仅在政治上享有至高无上的权力，在饮食上也享受着人间珍贵、精美的膳食。御厨利用优越条件，取精用宏，精烹细作，形成了豪奢精致的风味特色。可以说，每个时代的宫廷菜，都能代表当时中国烹饪技艺的最高水平，成为中华菜肴的杰出代表。因此，宫廷菜是中国古代烹饪艺术的高峰。

我国的古都按照地域分布有南方的金陵（今南京）、益州（今成都）、临安、郢都（今荆州），北方的长安（今西安）、洛阳、汴梁、北京、奉天（今沈阳）。因而宫廷菜也以这几大古都为代表，有南味、北味之分。尽管有南北之分，但在其形式和内容上都具有共同的特点，即华贵珍奇，配菜、典式有一定的规格。

## 一、宫廷菜的发展历史

宫廷菜初步形成规模大约在周朝。当时具有代表性的宫廷饮食有两种风味：一是周王室的饮食风味，其"八珍"是最早的宫廷宴席，体现了周王室烹饪技术的最高水平，也代表着黄河流域饮食文化；二是楚国宫廷风味，其宴席兼收并蓄，博采众长，代表着长江流域饮食文化。

秦汉时期，宫廷菜在前代烹饪实践的基础上，菜品更加丰富，烹饪技法也不断创新，如汉代宫廷的面食比以前明显增多，大体上可分为汤饼、蒸饼、胡饼三大类。而豆腐的发明，更使宫廷饮食发生了重大的变化。宫中追求珍奇之食，如猩猩之唇、獾獾之炙（烧烤而成的獾肉）、隽燕之翠（燕尾肉）、旄象之约（旄牛之尾和象鼻肉）等。汉代的五侯鲭几乎成了后代美味的代名词。

### 【小知识】

#### 汉代名肴——五侯鲭

汉成帝封他的五个舅舅王谭、王根、王立、王商、王逢为侯。因他们五个人同时封侯，号称"五侯"。他们之间互有矛盾，各不相让，以致各家的宾客之间也不好随意来往。后来有一个叫楼护的官吏，知识渊博，善于言辞，常去各家进行调解，进而博得了五侯的欢心。于是他们都争着置办佳肴宴请楼护，楼护便集五家之长，烹制出一种美味佳肴，世称"五侯鲭"（见图3-2）。

图 3-2　五侯鲭

五侯鲭的原料有哪些？它是如何制作的？明代杨慎有诗："江有青鱼，其色正青。汩以为酢，曰五侯鲭。""汩"一般指米汩，还有"烹和"之意。"酢"即"醋"。由此可知，五侯鲭的主要原料是青鱼，烹饪时离不开醋。

魏晋南北朝时期是中国历史上大动荡、大分裂持续时间最长的时期之一，各族人民的饮食习俗在中原交会，使宫廷饮食出现了胡汉交融的特点，大大丰富了宫廷饮食的内容。例如，新疆的烤肉、涮肉，闽、粤的烤鹅、鱼生，西北游牧民族的乳制品等，都被吸收到宫廷菜中，为宫廷风味增添了新的内容。

进入唐朝，宫廷菜的烹制技术和烹制技艺已经达到很高的水平。这主要通过宫廷宴席得到体现。当时，宫廷宴席不仅种类繁多，而且场面盛大，宴席的名目之多和奢侈程度都是空前的，如盛况空前的进士"曲江宴"（樱桃宴）、富贵人家女眷们的"探春宴"和"裙幄宴"、具有独特韵味的船宴、极其奢靡浪费的"烧尾宴"等。

北宋时期，宫廷菜相对简约。从原料选择上看，这个时期以羊肉为原料烹制的菜肴在宫廷饮食中占有重要的地位。南宋时期，宫廷菜开始越来越奢华，遍尝人间珍味的君王们对饮食非常挑剔，宫廷宴席也是奢靡异常。

元朝的宫廷菜，以蒙古族风味为主，所制菜肴多用羊肉，以"全羊席"为代表。同时吸收其他少数民族乃至国外的饮馔品种和技法，充满了少数民族和异国情调。

明朝的宫廷菜十分强调饮馔的时序性和节日食俗。一些民间食俗，特别是节令食俗逐渐在宫中流行并制度化。例如，饺子的起源很早，本是典型的中原和汉族之食，但作为宫中的春节食物却是从明朝才有的事。再如，中秋节吃月饼、腊八节喝腊八粥，也是从明朝才开始在宫中盛行的。

清朝宫廷菜，主要由三种风味组成。一是山东风味，明朝统治者将京城迁至北京时，宫廷御厨大都来自山东，因此，清代宫廷饮食仍然沿袭了山东风味。二是满族风味，清朝统治者是满族人，满族人原来过着游牧生活，饮食上以牛、羊、禽鸟等肉类为主，在菜肴制作上形成了具有满族特色的满族风味。三是苏杭风味，乾隆先后六次出巡江南，对苏杭菜点十分赞赏，于是宫中编制菜单时，仿制或请苏杭厨师来京制作苏杭菜点，充实宫中饮食。从此，清代宫廷饮食便以这三种风味为基础逐步提高和发展起来，成为今日宫廷菜之风味。清朝的宫廷菜无论是在数量上还是在质量上都是空前的，奢侈靡费，强调礼数，达到了中国古代宫廷饮食的极致，是中国宫廷菜发展的顶峰。

**【小知识】**

### 最早的宫廷宴——周代"八珍"

《周礼·天官·食医》记载："掌和王之六食、六饮、六膳、百馐、百酱、八珍之齐。""八珍"指食物而非后世所指的原料。东周洛阳宫廷的"八珍"如下：淳熬——肉酱油烧稻米饭；淳母——肉酱油烧黄米饭；炮豚——煨烤炸炖乳猪；炮牂——煨烤炸炖母羔羊；捣珍——烧牛、羊、鹿里脊；渍——酒糟牛羊肉；熬——类似于五香牛肉干；肝膋（liáo）——网油包烤狗肝。周代"八珍"基本代表了当时的烹调技艺水平，其做法也被延续至今。

## 二、宫廷菜的主要特点

### 1．烹饪原料广泛珍贵

历史上宫廷菜的原料，大多是各地的贡品，山珍海味，无所不含，以清朝宫廷档案中的贡单为例，有长江中镇江的鲥鱼，阳澄湖的大闸蟹，四川会同的银耳，东北的鹿茸、鹿尾、鹿鞭、鹿脯等，南海的鱼翅，海南的燕窝，山东的鲍鱼、海参等。有些菜肴的用料甚至只有拥有天下的皇帝才能用得起。例如，宫廷名肴清汤虎丹，以小兴安岭的雄虎睾丸为原料，其状有小碗口大小，制作时需在微开不沸的鸡汤中煮三个小时，然后剥去皮膜，放在调有作料的汁水中渍透，再用特制的钢刀、银刀平片成纸一样的薄片，在盘中摆成牡丹花状，佐以蒜泥、香菜末而食。虽然宫廷菜原料多为珍贵之物，但也不乏市井常见之物，但选用的必是上品。例如，猪要选鬃毛刚硬的，羊要选毛细密柔软的，兔要选双眼明亮的，等等。

### 2．菜肴制作精细讲究

宫廷菜特别讲究刀工，在刀工处理上既讲究易入味，又讲究造型美观，同时，又要根据原料性质及烹调需求运用不同的刀法。以鱼为例，红烧鱼用让指刀法，干烧鱼用兰草刀法，酱汁鱼用棋盘刀法，清蒸鱼用箭头刀法。不同的烹制方法，要求不同的刀法，不仅在加工主料时表现出来，就是在加工配料时也要严格区别。

宫廷菜也十分注重造型，一般多由两种或三种原料构成菜肴造型。因此，史料中有御厨说："皇帝不吃寡妇菜（指未加拼配的独品菜肴）。"拼配的目的在于悦目，使菜品展现吉祥与美丽的形象。拼配多用围、酿、配、镶等方法，形象逼真，使人不忍下箸。例如"龙凤呈祥"这道菜，御厨用水晶虾仁拼出"龙"身，用黄酒蒸鸭拼成"凤"，再用不同颜色的萝卜雕刻成头部，整个拼盘呈现出"龙飞凤舞"的气势，富贵气十足。

在调味上，宫廷菜有"九九八十一口"之说。有的菜名便是根据调料名称所定的，如宫门献鱼（见图3-3），其味先甜后咸再辣，层次分明，所以又称"梯子口"；又如瓦香肉，使用的调料酱油、糖、醋比例大致相同，所以又称"三致口"；再如一品四喜丸子又称"红光口"，八宝肥鸭又称"净贤口"，葱烧海参（见图3-4）又称"吐汁口"，焦熘里脊又称"文霞口"，扒肘子又称"天堂口"等，举不胜举。宫廷菜在口味上以复合味居多，讲究小料的使用。再以宫门献鱼为例，其小料达十多种。在制汤上，宫廷菜达到了登峰造极的程度，如龙凤双吊绍汤，需三天完成，口味鲜香无比。

图 3-3　宫门献鱼

图 3-4　葱烧海参

**3．菜名典雅，器皿精美**

宫廷菜的名称都带有明显的皇家特征和喜庆吉祥的意义。宫中负责御膳的官员和太监要挖空心思地为很多菜肴起着象征着吉祥如意的名字，为宴席冠以敬祝的席名。例如菜肴有"凤胎龙子""嫦娥知情""红娘自配""万字扣肉"等，点心有"五福寿桃"，宴席有"万寿无疆席""江山万代席""福禄寿禧席"等，都有吉祥、富贵、美好的寓意。

宫廷菜的餐具色形华贵，材质为金、银、玉石、水晶、玛瑙、珊瑚等，还有大量官窑特制的精美瓷器。餐具造型多种多样，有鱼形、鸭形、寿桃形等。在华贵古雅的餐具中盛放精烹细作的美食，再加上典雅的菜名，三者相互辉映、相互衬托，使用餐者在享受美味的同时，发现菜肴的艺术美。

# 第二节　官　府　菜

典故导入

## 八仙过海闹罗汉

从汉初到清末，历代的许多皇帝都亲临曲阜孔府祭祀孔子，其中乾隆就去过七次，至于达官显贵、文人雅士，前往者甚众，因而孔府设宴招待活动十分频繁。八仙过海闹罗汉（见图3-5）闻名四海，是孔府名菜之一，它选料齐全，制作精细，口味丰富，盛器别致，选用鱼翅、海参、鲍鱼、鱼骨、鱼肚、虾子、鸡、芦笋、火腿等十几种原料，以鸡为"罗汉"，以其中八种主料为"八仙"，故名为八仙过海闹罗汉。此菜一上席，便有人安排开锣唱戏，人们一边品尝美味，一边听戏，十分热闹。

图 3-5　八仙过海闹罗汉

【想一想】

孔府菜中的八仙过海闹罗汉为什么闻名四海？你还知道哪些中国名菜呢？

所谓官府菜，又称"公馆菜"，是封建社会官宦人家制作并食用的肴馔。官府菜在规格上一般不得超过宫廷菜，而又与民间菜有极大的差别。当年，高官巨贾们"家蓄美厨，竞比成风"。《晋书·石崇传》有"庖膳穷水陆之珍"的记载，唐人房玄龄有"芳肴标奇"的评语。可以说，官府菜是封建社会达官显贵穷奢极侈、饮食生活争奇斗富的历史见证。

## 一、官府菜的发展历史

官府菜始于春秋时期，从汉至唐已初具规模。例如，东汉郭况有琼厨金穴，唐代韦陟有郇公厨、段文昌有炼珍堂。到了宋代以后，官府菜有了更大的发展，除了绵延千载的孔府菜外，各个时期均有著名菜品，如宋代的东坡菜、张俊家菜，金元时期的元好问家菜等。明清时期，达官显贵的家厨数量急剧增加，他们技艺高超，各具特色，使官府菜达到了鼎盛时期，形成了独特的风味流派。例如，明代有钱谦益家菜、魏忠贤家菜、严嵩家菜，清代有袁枚家的随园菜，曹寅家的曹家菜，纪晓岚家的纪家菜，谭宗浚家的谭家菜等；到了民国年间，有谭延闿家的组庵菜，张作霖家的帅府菜等。

## 二、官府菜的主要特点

### 1. 烹饪用料广博

官府菜由于出自官宦之家，因此有条件获得各个档次或等级的原料，原料的选择和使用范围都非常广泛而且讲究。以孔府菜为例，其用料多选用山东品种繁多的特产原料，如胶东的海参、鲍鱼、扇贝、对虾、海蟹，鲁中南的大葱、大蒜、生姜，鲁南的莲、菱、藕、芡，鲁西北的瓜果、蔬菜，这些都是孔府菜的资源，由此可见官府菜的用料之广博。

### 2. 制作技术奇巧

官府的家厨虽然不像宫廷御厨那样经过层层筛选而来，但是在制作技术上也各有独特之处，能够出奇、出巧。例如，组庵菜的鱼羹，制作时先取一只母鸡置于瓦罐中煨汤，再取活鲫鱼悬于瓦罐之上，用鸡汤的蒸气蒸熟鲜鱼，再将鱼肉放入鸡汤中慢煨，最后，鱼肉下入鸡汤变鱼羹，鱼脑、鱼刺仍悬空中。这样做出来的鱼羹无刺鲜美，稠而不腻。其制作之奇、技法之巧由此可见。此外，谭家菜的清汤燕菜、孔府菜的镶豆莛等也以制作奇巧取胜。

### 3. 菜名典雅有趣

官府菜非常注重菜肴的命名，常常选择有情趣意味的文字为菜肴命名。例如孔府菜的许多菜肴名称，既保持和体现着雅秀而文的齐鲁古风，又能表现出孔府肴馔与孔府历史的内在联系，如玉带虾仁表明衍圣公地位的尊贵，诗礼银杏与孔家诗书继世有关，文房四宝表示笔耕砚田的家风，而烧秦皇鱼骨则寄托着对秦始皇"焚书坑儒"的痛恨。

【小知识】

### 带子上朝

孔府自孔子被封为"衍圣公"后，便享有当朝一品官待遇，并有携带儿女上朝的殊荣。光

绪二十年（1894 年），第 76 代"衍圣公"孔令贻之母带其儿媳进京为慈禧太后祝寿后返回曲阜，族长特地为其设宴接风，内厨为颂扬孔氏家族的殊荣，用一只鸭子和一只鸽子，经炸及烧后，制成了一道汁浓味鲜的菜肴，并命名为"带子上朝"（见图 3-6），其寓意是孔府辈辈做官，代代上朝，永为官府门第，世袭爵位不断。

图 3-6　带子上朝

# 第三节　寺　院　菜

 典故导入

## 倡导佛教徒吃素的梁武帝

佛教教规并没有吃荤、吃素的界限，佛教徒托钵乞食，遇荤吃荤；遇素吃素。但佛教徒主张戒杀放生，只吃"三净肉"，就是不自己杀生、不叫他人杀生、不看见杀生的肉都可以吃。

梁武帝萧衍于 502 年登基后，在南京建初寺志公和尚的影响下，提倡吃素。萧衍是个虔诚的佛教徒，曾五次"舍身"佛寺为僧，但被臣民用钱赎出。之后，他一直倡导佛教徒吃素。

他在这一时期对佛经《楞伽》和《楞严》进行译注，读到佛经中"不结恶果，先种善因""戒杀放生"等语句时，觉得这恰好与中国儒家"仁心仁闻"的观点相吻合，于是更加大了终身素食的决心。他还发明了用面粉洗去淀粉后得到的面筋来做菜，为素菜的发展创造了物质条件。

【想一想】

你吃过寺院菜吗？口感如何？

在一般人的印象中，寺院大都坐落在深山老林里，寺僧的生活应该是很清贫的，哪能做出什么美味佳肴来，其实并不尽然。

寺院的厨房，称为斋厨、香积厨，除了管和尚的膳食外，还要为各地接踵而来的行脚僧解决就餐问题。香火旺盛的寺院，常年进香拜佛的施主、香客很多，寺院要为他们供茶供饭。为了把全素的原料做得好看、好吃，寺院就得研究烹调，积年累月就形成了素宴——寺院菜。

寺院菜，又称"福菜""释菜"或"斋菜"，主要用于招待讲经的法师、受戒的沙弥或居士、施主及游客，专门由香积厨制作。

## 一、寺院菜的类型

寺院菜的主体为素食，但并非全素食。历史上，曾有"鉴虚煮肉法"，佛印和尚烧猪招待苏轼，小山和尚用鳝鱼制"火烧马鞍桥"等，都是说和尚茹荤。

寺院菜以风味区分，可分为两大类：一类为本色素菜，保持原料的基本口味；另一类是仿荤菜，仿荤菜供俗家施主到寺院中烧香还愿时食用，同时也供原来荤食者后来斋戒者食用。

寺院菜还可分为纯素、非纯素两大类。纯素菜肴又称"斋戒菜肴"；非纯素菜肴则是素食荤烧，但有的寺院也有以荤腥为主的菜肴。

## 二、寺院菜的主要特点

### 1. 就地取材

寺院多位于名山之间，僧众平日除了修行外，大部分时间都在田间劳作，以获得食物，可以说他们的食物大多是自给自足的。例如，泰山斗母宫的特产鹿角菜，配以芹菜、花生米，拌上酱油、醋，淋些麻油，再撒些姜粉凉拌，味道鲜美清口；另一种特产雷震蛾（一种菌类），生长在阴暗的石缝中，一见阳光即不可食，故摘采时须是雷雨天或阴天，平时难以吃到，极为珍贵，凉拌、热炒均可。

### 2. 擅烹蔬菽

寺院菜由于宗教清规戒律的限制，主要使用的原料有三类：一为干果类，即三菇、六耳、猴头之类的山珍，此外还有芝麻、白果、花生、栗、枣、榛、核桃、杏仁等；二为潮果类，即豆腐、豆腐皮、百叶等豆制品及面筋、魔芋制品等；三为果蔬类，即四时新鲜瓜果青蔬等。以上三大类均为植物性原料，经过长期的烹饪实践，必然形成擅烹蔬菽的特点。

### 3. 以素托荤

菜肴以素托荤实为僧厨技艺上的变革，其以"鬼斧神工"之艺，达到有一样荤菜即有一样素菜的境界，如鱼翅、海参、燕窝、甲鱼、螃蟹、鸡、鸭、鱼、虾等，均能以形态逼真的素菜达到名似、形似、味似的境地。四川成都宝光寺的素质荤形菜很具特色，既有孔雀、蝴蝶等花式冷盘，也有素鸡、素火腿等各式冷碟，还有"白油腰花""宫保肉丁""糖醋鲤鱼""海参锅巴"等热菜。每道菜形象惟妙惟肖，令人叹服。所制"香肠"用薄薄的豆腐皮包裹，如同肠衣，填充料中加少许核桃仁，即达到恰似肥瘦相间的效果；所制"鸡"色泽鲜嫩，切开时"鸡丝"俨然可见；所制"回锅肉"竟然做到"肉皮""肥肉""瘦肉"三个部分紧紧相连，色泽红亮，味辣而甜，独具四川特色。

### 4. 花色繁多，制作考究

中国寺院菜制作工艺奇巧，烹制方法有炝、炒、焖、炸、烩、蒸、凉拌等，能烹制出几百种菜肴。例如，调味时所谓的"酱油"为三伏秋油，是指日晒夜露三个伏天酿成的豆酱油；再如，四川峨眉山万年寺的"雪魔芋"，以上好的雪魔芋水磨成汁，配以大米粉，加工成糊状，置于海拔3 000米以上的金顶岩石上，让大雪封盖，使其结冰而膨胀，雪融后便留有许多小孔，犹如海绵，晒干后制成黑褐色的雪魔芋，食时，以温水泡软，可烹制各式菜肴，各色味汁也尽入其中，嚼之满口生津，浓香万分。

## 【小知识】

### 寺院菜的主要原料——豆制品

中国是最早种植大豆的国家，也是最早利用大豆制成豆制品的国家。豆腐的起源，可以追溯到汉代。西汉时，淮河流域的农民就已使用石制水磨，他们把米、豆用水浸泡后放入装有漏斗的水磨内，磨出糊糊摊在锅里做煎饼吃。煎饼加上自制的豆浆，是淮河两岸农家的日常食物。农民种豆、煮豆、磨豆、吃豆，积累了各种经验。后来，人们从豆浆久放变质凝结这一现象得到启发，终于用原始的自淀法创制了豆腐。

相传汉代淮南王刘安始创豆腐术，他招集大批方士改进了农民制豆腐的方法，采用石膏或盐卤做凝结剂，制作出洁白细嫩的豆腐。

在古代，人们称豆腐为"小宰羊"，认为豆腐的白嫩与营养价值可与羊肉相提并论。登泰山去拜佛和游览的人都要尝尝绵滑细腻的泰安豆腐。此外，安徽的八公山豆腐、湖北的黄州豆腐（见图3-7）、福建的上杭豆腐、河北正定的豆腐脑、广西桂林的腐竹、浙江绍兴的腐乳等，都是古代有名的豆制品。

图3-7　黄州豆腐

豆腐有老豆腐、嫩豆腐、板豆腐、圆豆腐、水豆腐、冻豆腐等，都是豆腐鲜货制品（包括豆腐干、豆腐皮、豆腐脑等）；豆腐的发酵制品有臭豆腐、腐乳、毛豆腐等。这些都是中国人民传统的副食品及寺院菜的主要原料。

# 第四节　民　间　菜

典故导入

### 汆汤鱼圆

湖北是千湖之省、鱼米之乡，历来有吃鱼的食俗，由此也创造了许多吃鱼的方法，将鱼肉制成鱼圆（又称"鱼丸"），就是其中的一种。汆汤鱼圆（见图3-8）是湖北民间的传统佳肴。鱼圆的起源可以追溯到2 000多年前，《荆楚岁时记》上有明确记载。生活在公元前675年以前的楚文王，一次吃鱼时被鱼刺卡了喉咙，当即怒斩厨师，吓得其他厨师不敢再烹全鱼给他吃，便想办法去掉鱼刺，把鱼肉剁成茸状，做成鱼圆。现在湖北地区过年时家家户户都会买回几条大

鳇鱼，做上几斤鱼圆，然后用鸡汤、香菇等配料、调料打汤，色、香、味、形俱佳，吃来特别滑嫩爽口。

图 3-8　氽汤鱼圆

【想一想】
　　不同层次的菜点之间有明显的界线吗？

　　民间菜，即广大城乡居民日常食用的，个性鲜明，风格各异，多由家庭主妇制作出来，并经长期积累和传承的菜肴。民间菜是中国烹饪生产规模最大、消费人口最多、最常见的风味菜。从历史发展的逻辑上讲，一个地区民间风味的形成应早于其他风味的形成，可以说，它是中国菜的根源与基础。

## 一、民间菜的类型

　　民间菜分为两大类：一类是一日三餐必备的家常菜，以素为主，搭配荤腥，以经济实惠、补益养生见长；另一类是逢年过节聚餐的节日菜，以荤为主，搭配素食，以丰盛大方、敦亲睦族取胜。

## 二、民间菜的主要特点

### 1. 取材方便，简单易行

　　民间菜特别擅长运用本地的食源，并且使用本地的炊具、燃料和烹制方法，展示本地的餐制、宴席和饮食民俗。西北重牛羊，东南多瓜豆，沿海制鱼鲜，内陆吃禽蛋，民间菜使用的多是当地农艺、园林、畜牧、渔猎等各业的初级产品，既不寻觅珍馐，又不芳饪标奇，而是处处显得朴实、自然，带有浓郁的乡风与乡情。而从烹制技术的要求看，普通老百姓为了生存的需要，常常因料施烹，操作简单，省工省时，不受条条框框制约，不刻意追求精致和细腻。

### 2. 调味适口，朴实无华

　　中国的民间菜，不同的地方其特色也不尽相同。例如，江南民间习惯放糖提鲜，沿海地区喜用鱼露拌菜，四川民间喜用辣椒、豆豉调味，陕西民间喜用酸辣调味。民间菜体现了南甜、北咸、东淡、西浓、中和的地方风味特色，这些都说明民间口味各有所好，其调味常常适合各个地区中家庭、大众的口味。民间菜虽然也讲究菜肴的造型、装盘，但并不执着追求表面的华彩，更看重的是实用和可口，这是由百姓大众的消费水平、消费习惯、消费心理所决定的。

**3．因家而异，个性鲜明**

不同地区的家庭有不同的口味嗜好，不同民族的家庭有不同的饮食宜忌，不同职业的家庭有不同的日常食谱，不同阶层的家庭有不同的祖传名菜，文化传承、生活习性与家庭饮食的关系往往特别密切。因此，即使是一个地方的民间菜，不同的家庭也有着各自鲜明的特色。

【小知识】

### 鱼 露

鱼露又称"鱼酱油""虾油"，是以鳀鱼、三角鱼、小带鱼、马面鲀等海鱼为原料，用盐或盐水腌渍，经长期自然发酵，取其汁液滤清后制成的一种鲜味调料。较早生产鱼露的是我国广东潮汕地区。鱼露与菜脯（萝卜干）、咸菜一起被称为"潮汕三宝"。鱼露除带有咸味外，还带有鱼类的鲜味，故潮汕地区烹制菜肴，厨师多喜用鱼露，而不用食盐。鱼露后传至东南亚各国，也成了泰国菜、越南菜爱用的调味品，甚至有"无露不成菜"的说法。

## 三、民间菜的主要代表

中国民间菜的品种甚多，在餐饮市场上影响较大的有天津的贴饽饽熬小鱼、黑龙江的海鲜芥末饺子、吉林的猪肉炖粉条、辽宁的小鸡炖蘑菇、内蒙古的手抓羊肉、山东的酥海带、山西的拨鱼儿、河南的炸八块、河北的口袋饼、陕西的腊汁肉、宁夏的烩羊杂、甘肃的油锅盔、湖北的鱼圆、上海的黄豆猪蹄汤、浙江的腌冬瓜、江西的萝卜饼、福建的沙茶焖鸭块、台湾地区的金瓜米粉、湖南的腊味合蒸、广东的炒田螺、四川的回锅肉等。这些菜肴均极富当地特色，又名噪海内外。民间菜品种丰富，产生于民间，发展于民间，它的影响渗透于中国的每个地方风味之中，是地方风味菜的基础，因此，民间菜的许多代表菜已经归入地方菜或市肆菜之中。

【小知识】

### 手 抓 羊 肉

手抓羊肉（见图3-9），以手抓食用而得名，相传有近千年的历史，原本只在西北少数民族聚居的高原和草原的帐篷间被牧民们食用，城市里极少见，名流认为其难登大雅之堂，不屑一顾。在漫长的岁月中，手抓羊肉因肉味鲜美，不腻不膻，色香俱全，成为驰名全国的美味。其吃法有三种，即热吃（切片后上笼蒸热蘸三合油吃）、冷吃（切片后直接蘸精盐吃）、煎吃（用平底锅煎热，边煎边吃）。

图3-9 手抓羊肉

# 第五节 市 肆 菜

## 虾仁锅巴

虾仁锅巴（见图3-10）被称为"天下第一菜"，据说与乾隆下江南有关。乾隆曾在无锡一家饭馆就餐，想品尝当地名菜。店主哪里知道来客就是乾隆呢，随手取家常锅巴，用油炸酥后装盘端上桌去，同时端上的另一个盘内装了用虾仁、鸡丝、鸡汤熬制的卤汁，店主当着乾隆的面将卤汁浇在热锅巴上，顿时盘中发出"吱吱"的响声，同时还冒出一缕白气，香气直扑鼻孔。

图 3-10 虾仁锅巴

乾隆见这道菜不仅用料不一般，而且不是寻常烹制方法，顿时来了兴致和胃口，品尝后更是觉得香酥鲜美，味道异常，便问道："这叫什么菜？"店主答道："春雷惊龙。"乾隆听了大悦，称赞道："此菜如此美味，可称天下第一。"因为食用这道菜的人就是乾隆，这道菜也便身价倍增，并改称为"天下第一菜"。后来又有人以它上桌浇卤汁时会发出"吱吱"响声，而称为"平地一声雷"。

【想一想】

人们平时在餐馆所吃菜肴属于市肆菜吗？

"市"为集市，"肆"为店铺。市肆菜就是在市场上制作并出售的菜肴，是流行于各种酒家、餐馆、食摊、小吃店的各式风味食品，主要指餐馆风味，有广阔的饮食市场。为了在激烈的市场竞争中生存和发展，极富创造性的厨师们广泛吸收各类菜肴的制作方法，锐意创新，创造出许多极富特色、众口称赞的美食佳肴。市肆菜是中国饮食文化的主力军。

## 一、市肆菜的发展历史

我国市肆菜的历史悠久。谯周的《古史考》记载：吕尚"屠牛于朝歌，卖饮于孟津"（朝歌，

今河南淇县；孟津，今河南孟津）。这说明商朝的都邑市场上已经开始有饮食店铺，出售酒肉饭食。到了西周时期，商业发展较快，为满足来往客商的饮食需要，饮食市场有了极大的发展，甚至在都邑之间出现了供人饮食与住宿用的综合性店铺。《周礼·地官·遗人》中说："凡国野之道，十里有庐，庐有饮食。"秦汉时期，中国成为统一的多民族国家，从饮食方面看，随着社会生产力的发展和人民生活水平的提高，市肆菜在前代的基础上进一步丰富化和多元化。到了汉代，由于张骞开通了"丝绸之路"，当时的市场上还能吃到西域做法的胡饼。卓文君和司马相如在临邛也开过酒馆，卓文君还亲自当垆（卖酒），成为文学史上的一段佳话。魏晋南北朝时期虽然战乱不停，对市肆菜的发展有一定的抑制，但菜品仍较为丰富，如北魏时期的洛阳，出现了适宜"四夷"口味的食店。进入隋唐，农业、商业、交通空前发达，星罗棋布的酒楼、餐馆、茶肆、食摊成为都市繁荣的象征。宋代，城市快速发展，饭馆林立，据《东京梦华录》《梦粱录》《武林旧事》等书记载，北宋都城汴梁和南宋都城临安的市场上有花色多样、数以百计的菜肴。汴梁城内的商业活动可以说是通宵达旦，其中主要的就是饮食店。元朝时，市肆菜具有浓厚的蒙古风味，出现主食以面为主，副食以牛、羊肉为主的饮食格局。明清时期，市肆菜的地方特色更加明显，许多地方风味流派最终形成。1949年后，特别是改革开放以来，随着国家经济实力的不断增长，人民生活水平的不断提高，饮食市场异常活跃，饭店、餐馆林立，食摊、夜市兴旺，为广大群众提供了多层次、多种类的饮食选择。繁荣的饮食市场，对中国烹饪业的发展起到了巨大的推动作用。

## 【小知识】

### 明　四　喜

明四喜（见图3-11）是西安传统名菜，因西北地区远离海滨，海鲜甚为珍贵难得，当地人为了能够吃到海味，就创造性地制作出了明四喜这道菜。制作明四喜需要准备的食材有鲜鲍鱼、水鱼肚、水刺参、水鱿鱼、鸡清汤、火腿片、嫩豆苗、姜片，还需要准备精盐、绍兴酒、味精、适量的植物油等调味料。明四喜红亮鲜嫩、颜色鲜艳、汤鲜味美、四季皆宜，体现了人民的创造能力和制作能力。《四喜诗》云："久旱逢甘雨，他乡遇故知。洞房花烛夜，金榜题名时。"这四句诗被视为人生"四喜"，传此菜因此得名。

图3-11　明四喜

## 二、市肆菜的主要特点

**1. 取材广杂，技法多样**

为满足不同消费者层次的需要，市肆菜广泛采用来自四面八方的原料，上至天上飞禽，下到陆地动植物，乃至海里的一切可食之物，可以说是无所不包，既可烹制街头小吃，也可烹制高档宴席的燕翅海参。与其他菜类相比，市肆菜更多地吸取了其他地方菜、民族菜、民间菜乃至外国菜的烹饪技法，并在此基础上不断创新，形成品种丰富、技法多样的优势。

**2. 应变力强，适应面广**

随着社会经济水平的提高和饮食市场的日益繁荣，市肆菜的竞争也日趋激烈。因此，适应市场变化，满足消费者的不同需要是市肆菜发展的前提。中餐西做、各种地方风味流派的融合，以及养生、绿色食品的走俏，都说明市肆菜具有应变力强、适应面广的特点。

**3. 流派众多，风味鲜明**

由于市场需求及竞争机制的作用，餐饮业要想在激烈的饮食市场上站稳脚跟，就必须有自己的拿手菜，有自己的鲜明特色。因此，每家市肆菜馆都在不断地创新，推出新的菜式。近年来，市场上流行的农家菜、江湖菜、迷踪菜，都因其鲜明的特色，受到消费者的欢迎。流派、风格各异的市肆菜，推动着中国饮食文化的迅猛发展。

【小知识】

刺可以吃的红焖武昌鱼

毛泽东脍炙人口的名句"才饮长沙水，又食武昌鱼"，让武昌鱼在中国大地上家喻户晓。湖北的武昌鱼脂肪丰腴，肉味鲜美，汤汁清香，营养丰富，堪称淡水鱼中的珍味佳肴。其中，尤以武昌大中华酒楼的清蒸武昌鱼（见图3-12）别具一格，常作为该店的宴席大菜。但刺多的武昌鱼，也给大中华酒楼惹了不少麻烦。武昌鱼小、刺多且硬，并且刺骨是三角形的。有些外地客人不太会吃鱼，一不小心被卡住喉咙的事情常有发生。一旦卡住，就只能送到医院去取刺。

图3-12　清蒸武昌鱼

2001年，原来在大中华酒楼专门负责做鱼的卢永良自己开了家酒楼——楚天卢。半年后，楚天卢推出了红焖武昌鱼（见图3-13）。红焖武昌鱼是头一天将鱼抹上调料腌制一个晚上，第二

天早晨8点用油炸后，将鱼堆在一个大锅里，然后加入骨头汤、调味料置于小炉子上大火烧开后，小火再焖上4个小时才出锅。一般一锅只能放15条鱼，一个饭时最多只能做两锅，也就是30条鱼，于是就出现了红焖武昌鱼需要预订的局面。红焖武昌鱼除了口感特别外，其最大的特点是刺可以吃。在楚天卢收餐盘，经常可以看到盘子里只剩鱼头和鱼尾。4个多小时的烧制，让武昌鱼的刺完全酥软可吃。

图 3-13　红焖武昌鱼

 **课后作业**

## 一、填空题

1. 宫廷菜初步形成规模大约在周朝，当时周王室的饮食风味代表着_____饮食文化。
2. 汉代宫廷的面食比以前明显增多，大体上可分为_____、_____、_____三大类。
3. 唐朝时期，宫廷菜的烹制技术和烹制技艺主要通过_____得到体现。
4. 宫廷菜的主要特点是_____、_____、_____。
5. 寺院菜以风味区分，可分为两大类：_____、_____。
6. 中国烹饪生产规模最大、消费人口最多、最常见的风味菜是_____。

## 二、简答题

1. 什么是官府菜？
2. 什么是寺院菜？
3. 什么是市肆菜？

## 三、简述题

1. 清朝宫廷菜主要由哪几种风味组成？
2. 官府菜的主要特点是什么？
3. 寺院菜的主要特点是什么？
4. 民间菜的主要特点是什么？
5. 市肆菜的主要特点是什么？

## 四、实训题

1. 收集官府菜的典型代表，能以服务员的角色向顾客介绍几道有代表性的官府菜（要求：语言设计口语化，可以设计成对话形式，并进行角色扮演）。
2. 收集一种本地民间菜的做法，并在家尝试做一做。

# 第四章 中国菜点的美化与审美

**学习目标**

1. 了解中国菜点的美化。
2. 掌握中国菜点的审美。

## 第一节 中国菜点的美化

典故导入

### 珍珠翡翠白玉汤

　　相传，朱元璋少时家贫，常常忍饥挨饿，17岁那年，他又因父母双双死于瘟疫，无家可归，被迫到家乡的皇觉寺当了一名小和尚，以图有口饭吃。但是，家乡不久后闹灾荒，寺中渐渐没了香火，他只好外出化缘。在这期间，他历尽人间沧桑，常常一整天讨不到一口饭吃。有一次，他一连三日没讨到东西吃，又饿又气，在街上昏倒了，后被一位路过的老婆婆救起，带回家，并将家里仅有的一块豆腐和一小把菠菜放在一起，浇上一碗剩粥一煮，喂给朱元璋吃了。朱元璋食后，精神大振，问老婆婆刚才吃的是什么，老婆婆苦中求乐，开玩笑地说"那叫珍珠翡翠白玉汤"（见图4-1）。

图4-1　珍珠翡翠白玉汤

　　后来，朱元璋投奔了红巾军，最后当上了皇帝，尝尽了天下的美味佳肴。突然有一天他生了病，

什么也吃不下，于是便想起了当年吃过的珍珠翡翠白玉汤，当即下令御厨做给他吃。御厨无奈，只得用珍珠、翡翠和白玉混在一起，煮成汤献上，朱元璋尝后，觉得根本不对味，一气之下便把御厨杀了，又让人找来一位家乡的厨师去做。这位厨师很聪明，他暗想：皇上既然对真的珍珠翡翠白玉汤不感兴趣，我不妨来个仿制品碰碰运气。因此，他便以鱼丸代珍珠，以红柿子椒切条代翡（翡为红玉），以菠菜代翠（翠为绿玉），以豆腐加馅代白玉，并浇以鱼骨汤。将此菜献上之后，朱元璋一吃感觉味道好极了，于是下令重赏那位厨师。那位厨师拿到赏钱后，便告病回家了，并且把这道朱元璋喜欢的菜传给了凤阳父老。

**【想一想】**

为什么御厨所做的珍珠翡翠白玉汤不对朱元璋的口味？

一道成功的菜点，除了让品尝者有味觉上的享受外，还应该让品尝者有视觉、听觉、嗅觉上的享受。因此，烹饪大师们在各方面不断探索对菜点的美化，形成了精彩多样的美化手段，使得一道菜点就是一件精美的艺术品。

## 一、美食与美名

美食配以美名，这是中国烹饪所特有的。菜点的命名是中国饮食文化的重要组成部分。给菜点命名是十分重要的，归纳起来它的作用如下：菜点的名称有利于人们认识菜点的主要特点，是人们选择菜点的重要依据之一，是美化菜点的重要形式，也是引起人们产生心理效应的有效手段。

所谓的菜点命名，是指根据一定的原则给菜点起名，在一定程度上反映菜点的特性。中国菜点的命名方法多种多样，归纳起来大体可分为写实命名法和寓意命名法两大类。

### 1. 写实命名法

所谓写实命名法，是一种反映原料构成、烹制方法和风味特色的命名法。其特点是开门见山，突出主料，朴素中蕴涵文雅，使人一看便大致了解菜点的构成和特色。例如，以主料加配料命名的西红柿里脊、葱烧海参，以主料加烹制方法命名的清蒸鲈鱼、油焖大虾，以主料加盛器命名的砂锅豆腐、汽锅鸡，以主料加风味命名的鱼香肉丝、脆皮乳鸽，以主料加颜色命名的水晶虾仁、琥珀冬瓜，以主料加人名命名的麻婆豆腐、宋嫂鱼羹，以主料加地名命名的西湖醋鱼、北京烤鸭等。

### 2. 寓意命名法

所谓寓意命名法，是针对人们猎奇的心理，撇开菜点具体内容而另立新意的一种命名方法。其特点是突出菜点的某一特色并加以渲染，赋予其诗情画意般的境界，以起到引人入胜、耐人寻味的作用。例如，强调菜点造型艺术的灯笼海参、爆竹鱼，渲染菜点奇特制法的熟吃活鱼，表达人们良好祝愿的龙凤呈祥、金鱼发菜（财），寄托人们爱憎情感的霸王别姬、烧秦皇鱼骨等。

菜点的命名，粗看起来有很大的随意性，其实并不尽然，它反映出命名者自身的文化艺术修养、社会知识和历史知识。其综合素质之高低，直接影响菜点命名的美妙或俗气与否。

菜点的命名是一门艺术，响亮、高雅、有意蕴的菜名可以使菜点增辉生色，让人们一边饱腹一边陶冶情操，在品尝食物的同时使心理得到极大的满足。菜点的命名又是一门学问，名称太实可能乏味，太虚又会让人不知所云，所以应做到虚与实统一，名与实相符。

## 二、美食与美器

一道美食不仅需要一个美名，还需要一个与之相配的器皿，只有美食与美器相结合，才能做到相得益彰。古诗云"葡萄美酒夜光杯"，足见美食与美器的唇齿关系。常言道"红花须得绿叶衬"，美食与美器的巧妙搭配，不仅能锦上添花，而且能体现菜点的艺术之美。杜甫《丽人行》中"紫驼之峰出翠釜，水晶之盘行素鳞"的诗句，吟咏了美食与美器之美，烘托出食美、器美的高雅境界。

中国饮食器具之美，美在质，美在形，美在装饰，美在与菜点的和谐。中国最早出现的彩陶是在红色器皿的口沿部涂上一周带状红彩，或是在敞口器物的内表点缀一些简单的几何纹饰。这些彩绘标志着人类追求美器的传统，首先表现在饮食上。

彩陶器的粗犷之美，瓷器的清雅之美，铜器的庄重之美，漆器的秀逸之美，金银器的辉煌之美，玻璃器的亮丽之美，是配合美食的另类美的享受。不管是以古朴为美，新奇为美，还是以珍贵为美，简素为美，都不应该陷入"唯美"的怪圈，而一定要信守"美器配美食，美食不如美器"的原则，立足美食"选"美器，美器一定要"配"美食。

美食与美器的搭配有以下几个规律和原则。

### 1. 菜点与器皿在色彩纹饰上要和谐

器皿的色彩应与菜点的色彩相协调。根据菜点的色彩，选用哪一种色彩的器皿是关系到能否使菜点显得更加高雅、悦目，衬托得更加鲜明、美观的关键。

在色彩上，没有对比会使人感到单调，对比过分强烈又会使人感到不和谐。在这里，重要的前提是对各种颜色之间关系的认识。美术家将红、黄、蓝称为原色；将红与绿、黄与紫、橙与蓝称为对比色；红、橙、黄是暖色；蓝、绿、青是冷色。

器皿和菜点的色彩组合，是相互映衬、相互衬托的，它们之间存在着调和与对比的关系，即统一色的应用和对比色的应用。例如，对于白玉鸡脯、滑炒鸡丝等洁白如玉的菜肴，要配以青花瓷、红花瓷等色调略深的盘碟，或带有色彩图案的器皿，进一步体现菜肴的特色。由于颜色相近、色调统一，易使人情绪柔和，增加食欲，这就是统一色配在一起所产生的效果。而对于酱汁瓦块鱼、熘腰花等色泽较深的菜肴，就宜选用白色的或其他浅色的盘碟，减轻菜肴的色暗程度，这样就会显得色彩鲜明，给人愉快的感觉。再如，将嫩黄色的蛋羹盛在绿色的莲瓣碗中，色彩就格外清丽；盛在水晶碗里的八珍汤，汤色莹澈见底，透过碗腹，各色八珍清晰可辨。

在纹饰上，食的料形与器的图案要相得益彰。如果将炒肉丝放在纹理细密的花盘中，既会给人以散乱之感，又显不出肉丝的自身美；而将肉丝盛在绿叶盘中，会使人感到清新悦目。将中国名菜贵妃鸡盛在饰有仙女拂袖起舞图案的莲花碗中，会使人很自然地联想到善舞的杨贵妃酒醉百花亭的故事。将糖醋鱼盛在饰有鲤鱼跳龙门图案的鱼盘中，会使人情趣盎然，食欲大增。因此，要根据菜点形态选用相应图案的器皿，以求协调统一。

### 2. 菜点与器皿在形态上要和谐

中国菜品种繁多、形态各异，用来相配的器皿形状自然也是千姿百态的。对不同质地的菜点，应配以不同的器皿，视菜肴质地的干湿程度、软硬情况、汤汁多少，配以适宜的平盘、汤盘、碗等，这不仅仅是为了审美，更重要的是为了便于食用。例如，平底盘是为爆炒菜而用的，汤盘是为熘汁菜而用的，椭圆盘是为整鱼菜而用的，莲花瓣海碗是为汤菜而用的，等等。再如，鱼类菜，

无论是整的，还是条、块、片状的，都宜用长盘；而对丸子类的圆形菜，就应配用圆形盘；如果用盛汤菜的汤盘盛爆炒菜，便收不到美食与美器搭配的和谐效果。

### 3. 菜点与器皿在空间上要和谐

食与器的搭配也要"量体裁衣"，菜点的分量要和器皿的大小相称，才能有美的感官效果。汤汁漫至器沿的菜点，不可能使人感到"秀色可餐"，只能给人以粗糙的感觉；菜点量小，又会使人感到食缩于器心，干瘪乏色，给人以小家子气的感觉。一般来说，平底盘、汤盘（包括鱼盘）中的凹凸线是食、器结合的"最佳线"。用盘盛菜时，以菜不漫过此线为佳。用碗盛汤，则以八成满为宜。装全鱼或其他整菜，配用的器皿要做到前不露头，后不露尾。

### 4. 器皿配用要考虑到菜肴的点缀和美化

成形的菜肴一般都要进行点缀和围边，以达到美化菜肴的目的。所以在使用器皿时就要考虑到菜肴的点缀，以及围边将采用何种形式。要做到既可以弥补菜肴平淡之不足，又能增加菜肴的色彩，使菜肴更具有清新感，使人赏心悦目。但是，也要适可而止，防止一些不必要的点缀。例如，油爆鱿鱼卷一菜用腰盘来盛装，在盘的一端横放上制好的鱿鱼卷，约占整个腰盘面积的1/2，然后在剩余的1/2面积中用初加工后的芹菜叶做放射状摆拼，在其轴中心部位放上一朵雕好的菊花。这样从色泽、形体上看就是浅黄色的鱿鱼卷，如活鱿鱼的身体下部；深黄色的菊瓣，似活鱿鱼的头部；碧绿的芹菜犹如活鱿鱼的四对触腕。用带有浅蓝色花边的腰盘进行衬托，仿佛它依然生活在大自然中，意味深长。从营养卫生角度讲，各种营养素的配比较为合理，符合人体需求，达到了食用与审美的统一。

## 三、美食与美境

中国饮食文化之所以能名扬海外，不仅仅在于中国菜肴的精美可口，更重要的是人们能通过置身于中国的餐饮环境中，品尝色、香、味俱佳的中国食物之妙，欣赏中国餐具器物的典雅之美，使人领会到中华民族传统文化的精髓。

"绿蚁新醅酒，红泥小火炉，晚来天欲雪，能饮一杯无？"人们只有在美好的环境中品尝美食，才能得到更多美的享受。除了食物本身之外，享用美食时的环境、心情、气氛，也是很重要的。因此，享受美食的环境可以分为就餐环境、就餐者的心情和就餐时的气氛三个方面。

### 1. 就餐环境与美食的配合

就餐环境主要指餐厅坐落的位置、餐厅的装潢和设施等。现在社会经济发达，人们已经解决了温饱问题，吃饭已不仅仅是果腹那么简单，在餐厅消费的食客需要的是通过环境来改变心境。美食只有置身于符合美食自身特点的环境中，才会让就餐者领略到美食的风味。因此，就餐环境必须与餐厅的自身特点、就餐者相适应，而人性化的又别有创意的就餐环境无疑会让人的状态更加愉悦和自在，能够在品尝美食的过程中真正获得美的享受。

### 2. 就餐者的心情与美食的配合

现代医学认为，人的下丘脑中有一群专管食欲的神经细胞，称为食欲中枢。食欲中枢在大脑的控制之下，依靠胃部的反馈信息进行工作，也受人的情绪所制约。

带着烦躁的心情进餐，再好的美食也食之无味；而带着愉悦的心情进餐，胃口才会更好，才能更好地享受美食。"借酒消愁愁更愁"与"酒逢知己千杯少"，分别指的是的不同心情造成的

不同美食感受。

**3．就餐时的气氛与美食的配合**

就餐时的气氛是指就餐者与就餐者之间、就餐者与服务员之间暂时形成的人际关系和环境。显然，和谐的气氛能让人胃口大开，开怀畅饮；不和谐的气氛会使人食不知味，坐立不安。

# 第二节　中国菜点的审美

## 一卵孵双凤

一卵孵双凤（见图4-2）又称"西瓜鸡"，相传，这道菜是由孔府厨师张兆增创造的。孔府在中国封建社会是一个非常特殊的家庭，不仅各级官员，就连皇帝也经常光顾，迎来送往的级别都很高，所以，孔府的厨师都是高水平的厨师，张兆增就是其中的一位。

图4-2　一卵孵双凤

孔祥珂爱吃鸡，张兆增善于做鸡，并且花样较多，孔祥珂一直很满意。可是有一年夏天，大概是孔祥珂对于往常的那些鸡菜吃得有些腻了，于是就传话厨房，要把菜肴制作得清爽一点，这可难坏了张兆增，因为鸡菜一般都是热吃，加之要使其酥烂，必须用烧、炖、炸、蒸等法，制作的菜肴大多醇厚味浓，不适合夏季食用。但是，既然"衍圣公"传话，厨房当然要想办法。

有一天，张兆增偶到府外办事，见大街上摆满了卖西瓜的摊子。也算是功夫不负有心人，张兆增见到西瓜，眉头一挑，喜上额角，当即买了两个滚圆的大西瓜。回到厨房，他拣了两只体形较小的雏鸡杀了，加工干净后，又将西瓜有蒂的一头切下一层约2厘米厚的盖，把瓜瓤去净，将两只小雏鸡塞于瓜壳内，入锅内蒸至熟透时取出，去掉瓜盖，一股清香扑鼻而来。张兆增急忙将雏鸡取出，品尝其味，果然有一种特别清香的味道。

重新制作时，张兆增又在西瓜内添加了一些可使菜味增鲜的海味，如干贝、鲍鱼、海米之类。当天午宴，张兆增将制作好的新菜奉献上桌，孔祥珂举箸品尝，顿觉甘爽无比，清香鲜嫩，胃口大开，遂询问菜名，当听到是"西瓜鸡"时，"衍圣公"很不以为然。孔祥珂认为，如此美味，应当有个高雅的名字。于是乘兴思觅，仔细揣摩：瓜内塞鸡，犹如凤出卵巢，叫"一卵孵双

凤"可谓恰到好处。

　　此菜上桌后，打开顶盖，两只鸡首各居一边，恰似双凤伸颈露头，跃跃欲出之状。而凤在中国历来就被视为吉祥之物，故有"瑞鸟"之称，古代神话中也总是把凤渲染成能给人间带来福寿的吉祥之物。一卵孵双凤不仅名字雅气，而且寓意吉祥。将西瓜之清香融入雏鸡之鲜嫩中，使菜品降低了醇厚浓腴的口味，突出了清爽、新颖、鲜嫩，具有香而不腻的特点，非常符合科学的饮食观念。一卵孵双凤从此成为孔府菜中的上品。

【想一想】
　　你在享受美食时，注重菜点的审美吗？

　　所谓菜点的审美，就是指就餐者运用美学的原理，从菜点艺术的角度，对菜点进行的审美评价。古语"羊大则美"道出了中国菜点审美意识产生的一般规律——直接来源于饮食的实践。菜点的审美主要涉及菜点的色、香、味、形四个方面。

## 一、菜点的色

　　菜点的色彩作为先声夺人的要素，首先进入就餐者的感官，进而影响就餐者的饮食心理和饮食活动。人们在长期的饮食活动过程中，对菜点色彩之美的判断已形成了一种习惯性程序，即可能因菜点的色泽美而感到愉悦并增进食欲。

　　菜点的色泽是衡量菜点质量的重要指标，众多的就餐者一开始就通过菜点的色泽来初步判断菜点质量的高低。不同菜点的色泽必须适应不同的季节、不同的地域，以搭配和谐、色彩鲜明、自然清新、能给就餐者美的享受为主。

　　例如，新鲜美味的香辣蟹（见图4-3），出锅时满锅红汤，辣而不燥，再加上绿色的香菜、白色的大葱，使色、香、味达到了极致，其香、辣、嫩、鲜、活的特点，让人觉得美不胜收，过肠不忘。

图4-3　香辣蟹

## 二、菜点的香

　　菜点的香是指菜点自身散发出的芳香气味。它自古以来就是对菜点进行审美的重要指标。菜点的香能够引起人的情感性冲动和思维性联想，进而影响饮食行为。菜点的香使人们进入了

菜点品尝性审美前的状态，调动了审美冲动，从而对正式品尝时的审美活动产生了先入为主的影响，成为正式品尝菜点的重要前奏。

## 三、菜点的味

菜点的味是指菜点入口后对味蕾所产生的刺激而给人产生的感觉。味的美感是菜点审美的主要部分。如果说色的美感、香的美感是一首主题歌的前奏，那么，味的欣赏便是这首主题歌的高潮。人们进餐除了摄取菜点所含有的营养成分外，更多的是品尝菜点的味道带给人的美感。无论是调味品的使用还是调味手法的多样，世界上任何一个烹饪流派都难以和中国菜相提并论。

## 四、菜点的形

菜点的形是指菜点加工成熟后的形态。中国菜点不仅仅是一种美味佳肴，还应该是一件精美的艺术品，各种原料经过厨师的加工，形成优美的造型、逼真的形态、诱人的色泽，能对就餐者产生强烈的视觉冲击，增进就餐者的食欲。

在仿形菜里，松鼠鳜鱼（见图4-4）是很出名的，虽然其外形并不真的很像，但刀工、颜色和味道都颇具特色，因此深得大家认同。

图4-4　松鼠鳜鱼

 **课后作业**

一、填空题

1. 中国菜点的美化可以从_____、_____、_____三个方面进行。

2. 中国菜点的命名方法多种多样，归纳起来大体可分为_____和_____两大类。

3. 享受美食的环境可以分为_____、_____、_____三个方面。

4. 菜点的审美主要涉及菜点的_____、_____、_____、_____四个方面。

5. 菜点的_____作为先声夺人的要素，首先进入就餐者的感官，进而影响就餐者的饮食心理和饮食活动。

6. _____是菜点审美的主要部分。

二、简答题

1. 写实命名法的定义是什么？

2. 寓意命名法的定义是什么？

3．菜点的审美指的是什么？

三、简述题

1．美食与美器的搭配需要遵循哪些规律和原则？

2．菜点的香是怎么影响人们对菜点进行审美的？

四、实训题

收集你们本地的特色菜肴在命名方面的特点，并和同学进行交流。

# 第五章 中国饮文化

1. 了解酒的起源与发展。
2. 了解饮酒艺术。
3. 了解酒礼、酒道和酒令。
4. 茶文化的含义、起源与发展。
5. 茶叶的类别及我国的十大名茶，茶具的种类，各类茶的品饮方法。
6. 茶礼、茶道的含义。

## 第一节 中国酒文化

### 杜康造酒

相传某一天，杜康发现因几个月前的大雨，自家粮囤中的大部分粮食已经霉烂，这下愁坏了杜康，这可是今冬全家人的口粮啊！杜康围着粮囤走来走去，发现粮囤底部有混浊的液体流出来，他低下身看了看，突然闻到了奇特的香味，这香味正来源于粮囤底部流出的液体。杜康收集了一大碗，他纳闷儿，这究竟是什么呢？

当天晚上，杜康做了一个梦，梦里一个老者告诉他："明天酉时，你去村东柳树下，必须在酉时这个时辰内，取三个人的三滴血放进碗里，然后你再品尝。"

第二天酉时已到，杜康来到了柳树下，他见到的第一个人是进京赶考的书生，杜康说明来意，书生很慷慨，他取到了第一滴血。过了一段时间，一位骑着战马的武士路过此地，杜康上前相求，武士说："别说是一滴，十滴也行！"就这样，杜康如愿地取到了第二滴血。接下来，他等了很长时间，也没等到第三个人出现。这时，酉时快过了，如果找不到第三滴血，不就前功尽弃了吗？眼看时辰已到，杜康在柳树下徘徊，突然发现在不远处一棵柳树的树荫下躺着一个人，他赶紧跑了过去，才发现是一个智力障碍者，杜康没时间想那么多了，赶紧取了第三滴血，便打道回府。

回到家，杜康把三滴血放入那个盛有不明液体的碗里，喝下去并细细品尝，啊……这"水"味道甘甜，沁人心脾。因为是"酉"时取的"三"滴血，二者合一就是个"酒"字。

现代人研究后，知道了酒是古人取书生、武士、智力障碍者的三滴血而制的，于是餐桌上常出现如下情景：酒初，大家净手落座；由于顾及身份、地位等，大家都文质彬彬，此乃书生也；酣时，旁若无人，口若悬河，此乃武士也；最后，鼾声四起，趴桌睡的，唠唠叨叨的，睡地板的，形态各异，此乃喝傻也。

**【想一想】**

中国的白酒到底是由什么酿造的？你听说过哪些中国名酒呢？

## 一、酒的起源与发展

酒的发明比文字的出现要早得多，所以，对于酒的起源，传说较多，没有准确的年代记载。

**1．造酒传说**

**（1）猿猴造酒**

唐人李肇所撰《唐国史补》一书，对人类如何捕捉聪明伶俐的猿猴，有一段极为精彩的记载。猿猴是十分机敏的动物，它们居于深山野林中，出没无常，很难活捉到它们。经过细致的观察，人们发现并掌握了猿猴的一个致命弱点，那就是"嗜酒"。于是，人们在猿猴出没的地方摆几缸香甜浓郁的美酒，猿猴闻香而至，先是在酒缸前踌躇不前，接着便小心翼翼地用指蘸酒吮尝，时间一久，没有发现什么可疑之处，终于经受不住香甜美酒的诱惑，开怀畅饮起来，直到酩酊大醉，乖乖地被人捉住。这种捕捉猿猴的方法并非我国独有，东南亚一带的群众和非洲的土著民族捕捉猿猴或大猩猩，也都采用类似的方法。这说明猿猴是经常和酒联系在一起的。猿猴不仅"嗜酒"，而且会"造酒"（最初，人们称之为"猿酒"），这在我国的许多典籍中都有记载。因此，在酒的起源中有着"猿猴造酒说"（见图5-1）。

图5-1　猿猴造酒说

**（2）仪狄酿酒**

仪狄是夏禹的一个属下，《世本》云"仪狄始作酒醪"。约公元前239年完成的《吕氏春秋》云"仪狄作酒"。汉代刘向的《战国策》云："昔者，帝女令仪狄作酒而美，进之禹，禹饮而甘之，遂疏仪狄，绝旨酒，曰：'后世必有以酒亡其国者。'"

**（3）杜康酿酒**

《世本》里有"杜康造酒"的说法，因此后世认为酿酒始于杜康；东汉《说文解字》中解释"酒"字的条目中有"杜康始作秫酒"的文字；再经过曹操"何以解忧？唯有杜康"的咏唱，在人们心

目中，杜康已经成了酒的发明者，也有了各种传说。

（4）酿酒始于黄帝时期

于汉代成书的《黄帝内经·素问》中有黄帝与医家岐伯讨论"汤液醪醴"的记载，还提到了一种古老的酒——醴酪，即用动物的乳汁酿成的甜酒。这一传说则表明在黄帝时期人们就已开始酿酒。

### 2．现代学者对酒的起源的看法

（1）酒是天然产物

科学家发现，在漫漫宇宙中，存在着一些由酒精组成的天体。这些天体所蕴藏着的酒精，如制成啤酒，可供人类饮几亿年。这说明什么问题？正好可用来说明酒是自然界的一种天然产物。人类不是发明了酒，仅仅是发现了酒而已。

晋代的江统在《酒诰》中写道："酒之所兴，肇自上皇，或云仪狄，又云杜康。有饭不尽，委余空桑，郁积成味，久蓄气芳。本出于此，不由奇方。"在这里，古人提出剩饭自然发酵成酒的观点，是符合科学道理及实际情况的。总之，人类开始酿造谷物酒，并非发明创造，而是发现。剩饭中的淀粉在自然界存在的微生物所分泌的酶的作用下，逐步分解成糖分、酒精，自然转变成了香气浓郁的酒。在远古时代，人们采集的野果含糖量高，无须经过液化和糖化，便易发酵成酒。

（2）果酒和乳酒——第一代饮料酒

人类有意识地酿酒，是从模仿大自然的杰作开始的。我国古代书籍中有不少关于水果自然发酵成酒的记载。例如，宋代周密在《癸辛杂识》中记载，山梨被人们储藏在陶缸中后竟变成了清香扑鼻的梨酒；元代的元好问在《蒲桃酒赋》的序言中也有记载，某山民因避难于山中，堆积在缸中的蒲桃也变成了芳香醇美的蒲桃酒。

### 3．酒的发展

酒的产生丰富了人们的生活，也影响着人们的身体。随着历史的发展，它的影响也在向纵深方向发展。

酒的品种繁多，就生产方法而论，有酿造酒（发酵酒）和蒸馏酒两类。酿造酒是在发酵终了后稍加处理即可饮用的低度酒，如葡萄酒、啤酒、黄酒、青酒等，出现较早。蒸馏酒是在发酵终了后再经蒸馏而得的高度饮料酒，主要有白酒、白兰地、威士忌、伏特加等，出现较晚。

在漫长的历史进程中，中国传统酒呈阶段性的发展。

（1）启蒙期：新石器时代的仰韶文化早期到夏代初期

这个时期，人类有了维持基本生活的食物，从而有条件去模仿大自然生物本能的酿酒过程。人类最早的酿酒活动，只是机械地简单重复大自然的自酿过程。

（2）成长期：夏代到秦代

由于有了火，出现了五谷六畜，加之酒曲的发明，使我国成为世界上最早用曲酿酒的国家。醴、酒等品种的产出，仪狄、杜康等酿酒大师的涌现，为中国传统酒的发展奠定了坚实的基础。就在这个时期，酿酒业得到了很大发展，并且受到重视，官府设置了专门酿酒的机构，酒由官府控制。这个阶段，酒虽有所兴，但并未大兴，饮用范围主要还局限于社会的上层，因此使酒业的发展受到一定影响。

（3）成熟期：秦代到北宋

在这个时期，《齐民要术》等科技著作问世，新丰酒、兰陵美酒等名酒开始涌现，黄酒、果酒、

药酒、葡萄酒等酒品也有了发展，李白、杜甫、白居易、杜牧、苏轼等酒文化名人辈出。各个方面的因素促使中国传统酒的发展进入了灿烂的黄金时代。酒之大兴，始于东汉末年。到了魏晋，酒业更加大兴起来，饮酒不但盛行于上层社会，而且普及到民间的普通人家。汉唐盛世及欧、亚、非陆上贸易的兴起，使中西方酒文化得以互相渗透，为中国白酒的发明及发展进一步奠定了基础。

（4）提高期：北宋到 1840 年的晚清时期

由于西域的蒸馏器传入中国，举世闻名的中国白酒得以发明。明代李时珍在《本草纲目》中说："烧酒非古法也，自元时起始创其法。"又有资料提出"烧酒始于金世宗大定年间（1161 年）"。这时已迅速普及了酒精度较高的蒸馏白酒。从此，白、黄、果、葡、药五类酒竞相发展，绚丽多彩，而中国白酒则渐渐深入生活，成为人们普遍接受的饮用佳品。

（5）变革期：1840 年到现在

西方先进的酿酒技术与我国传统的酿造技艺争放异彩，使我国酒苑百花争艳，春色满园；啤酒、白兰地、威士忌、伏特加、清酒等外国酒在我国立足生根；竹叶青、五加皮、玉冰烧等新酒种的产量迅速增长；传统的黄酒、白酒也琳琅满目，各显特色。特别是在这一时期的后期，即 1949 年以来，中国的酿酒事业进入了空前繁荣的时代。

## 二、名酒介绍

### 1．白酒

经过全国评酒会评出的级别最高的酒是名酒和国优酒。名酒是指获得金质奖章的国家名酒；国优酒是指获得银质奖章的国家优质酒。

白酒中的名酒是按香型评定的，现分为酱香型、米香型、清香型、浓香型，以及其他香型（董香型、凤香型、芝麻香型、兼香型等）。

（1）茅台酒（酱香型）

茅台酒（见图 5-2）产于贵州省仁怀市茅台镇。茅台酒纯净透明，入口醇香馥郁，有令人愉快的幽雅柔细的香气，味感柔绵醇厚，回味悠长，余香绵绵，饮后空杯留香，经久不散。

图 5-2 茅台酒

（2）五粮液（浓香型）

五粮液（见图 5-3）产于四川省宜宾市。该酒由高粱、大米、糯米、小麦、玉米五种粮食为原料酿造而成，故称"五粮液"。五粮液的酒液清澈透明，酒体柔和甘美，酒味醇厚喷香，饮后余香不尽，香气悠长，为酒中备受欢迎之佳品。

图 5-3 五粮液

（3）汾酒（清香型）

汾酒产于山西省汾阳市杏花村，是我国古老的历史名酒之一，有"甘泉佳酿"的美名。汾酒的酒液清澈透明，酒味清香纯正，入口香绵、甜润、醇厚，无不适的刺激感。

（4）泸州老窖特曲（浓香型）

泸州老窖特曲产于四川省泸州市。该酒以无色透明、醇香浓郁、清洌甘爽、饮后尤香、回味悠长的独特风格闻名于世。

（5）剑南春（浓香型）

剑南春（见图5-4）产于四川省绵竹市剑南村。该酒具有芳、洌、醇、甘四大特点。

图 5-4 剑南春

（6）古井贡酒（浓香型）

古井贡酒产于安徽省亳州市。古井贡酒的酒液清澈透明如水晶，香醇如幽兰，倒入杯中黏稠挂杯，酒味醇和、浓郁、甘润，回味余香悠长。

（7）洋河大曲（浓香型）

洋河大曲产于江苏省泗阳县洋河镇。洋河大曲的酒液透明无色，清澈，醇香浓郁，味鲜，绵软，甜润，圆正，余味爽净，回香悠长，有色、香、鲜、浓、醇的独特风格。

（8）董酒（兼香型）

董酒产于贵州省遵义市董公寺镇。董酒晶莹透亮，浓香扑鼻，有独特的香气，饮时甘美清爽、

满口醇香，饮后尤觉回味香甜，风味优美。董酒既有大曲酒的浓郁芳香，又有小曲酒的醇和回甜。

（9）西凤酒（凤香型）

西凤酒（见图5-5）产于陕西省宝鸡市凤翔区。西凤酒历史悠久，以甘泉佳酿、清洌醇馥闻名于世。

图5-5　西凤酒

（10）孔府家酒（浓香型）

孔府家酒产于山东省曲阜市。孔府家酒的酿造历史悠久，是当年孔府后裔向皇帝进贡和招待、馈赠亲朋好友的专用酒。

（11）衡水老白干（老白干香型）

衡水老白干产于河北省衡水市。"老"指其历史悠久，"白"指酒体无色透明，"干"指用火燃烧后不出水分（纯度高），这三个字准确地概括了衡水老白干的特点。衡水老白干以闻着清香，入口甜香，饮后余香这"三香"著称。

（12）枝江大曲（浓香型）

枝江大曲（见图5-6）产于湖北省枝江市。枝江大曲的"曲"有神秘的配方。据专家检测，这种"曲"在发酵中能催化酒中的上百种芳香成分，形成与众不同的酒质品位。枝江大曲制酒的场面极为壮观，蒸酒车间一年四季雾气云涌、热浪腾腾，酿酒师傅们先把纯粮酒料蒸熟，取出摊凉，加曲粉糖化，然后入土窖发酵，一段时间后加酒曲，再发酵，出窖，入甑再蒸。经八九次反复后，但见翻腾的热气下，有明亮香浓的酒泉飞泻出来。

图5-6　枝江大曲

（13）沱牌曲酒（浓香型）

沱牌曲酒产于四川省射洪市沱牌镇。沱牌曲酒以优质高粱、大米、糯米、小麦、玉米五种粮食为原料精酿，具有陈香复合、绵柔醇厚、甘美净爽、余味悠长的独特风格。

（14）宋河酒（浓香型）

宋河酒产于河南省鹿邑县枣集镇。该酒主要有"宋河粮液""鹿邑大曲"及其系列产品等。

（15）仰韶酒（浓香型）

仰韶酒产于河南省渑池县。"良酒出佳泉"，仰韶酒使用名泉——醴泉水酿造。酿造出的仰韶酒玉洁，清澈，透明；口感绵甜，芳香浓郁，清爽甘洌，略带苹果香味；饮后无头昏脑涨之感，有回味悠长之美；色、香、味搭配合理，是饮宴的上品。

（16）丰谷酒（浓香型）

丰谷酒产于四川省绵阳市。该产品包括具有窖香幽雅，醇厚绵甜，尾味爽净独特风格的丰谷酒王、丰谷特曲、丰谷老窖等系列白酒。

（17）二锅头（清香型）

二锅头（见图5-7）是北京的传统白酒，属普通白酒。吴延祁在诗中赞道"自古人才千载恨，至今甘醴二锅头"，将二锅头比作"甘醴"。

图5-7　二锅头

（18）双沟大曲（浓香型）

双沟大曲产于江苏省泗洪县双沟镇。该酒有色清透明，香气浓郁，风味协调，尾净余长的典型风格。

（19）杜康酒（浓香型）

杜康酒产于河南省，是中国古老的历史名酒，因杜康始造而得名。该酒以清洌透明，柔润芳香，醇正甘美，回味悠长的独特风味而香飘五洲。

2. 黄酒

黄酒是我国的主要酒种之一，由于色泽橙黄，被称为"黄酒"；因其越陈越香，又称"陈酒"或"老酒"。

黄酒产地较广，品种很多，著名的有绍兴酒、浙江花雕酒、状元红、上海老酒、绍兴加饭酒、

福建老酒、江西九江封缸酒、江苏丹阳封缸酒、无锡惠泉酒、广东珍珠红酒、山东即墨老酒等。

## 三、酒器

饮酒须持器。古人云："非酒器无以饮酒，饮酒之器大小有度。"酒器是指用来盛酒的器具，可分为以下几类。

### 1. 陶制酒器

陶器的使用在新石器时代早期已比较普遍。到母系氏族公社繁荣时期，陶器的品种已相当多了。龙山文化出土的陶制酒器（见图5-8）有斝、高柄杯、双耳/单耳杯等。

图 5-8　陶制酒器

### 2. 青铜酒器

在商周时期，由于青铜器制作技术的提高，我国的青铜酒器（见图5-9）达到前所未有的水平。商代以后，青铜酒器逐渐衰落，被其他材质的酒器所取代。青铜酒器主要有爵、角、觚、觯、斝、尊、壶、卣、方彝、觥、罍、厄、瓿、盉、枓、禁等。

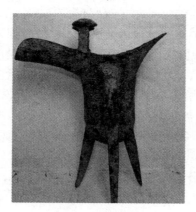

图 5-9　青铜酒器

### 3. 漆制酒器

秦汉之际，在中国的南方，漆制酒器（见图5-10）开始流行，汉代、魏晋时期成为主要类型。漆制酒器基本上继承了青铜酒器的形制，有盛酒器具和饮酒器具之分。饮酒器具中，漆制耳杯较常见。

图 5-10　漆制酒器

**4．瓷制酒器**

瓷器大致出现于东汉前后。不管是酿造所用酒器还是盛酒或饮酒所用酒器，瓷器的性能都超越陶器。瓷制酒器一直沿用至今。

**5．其他酒器**

其他酒器有玉制酒器、水晶酒器、金银酒器、锡制酒器、景泰蓝酒器、玻璃酒器、铝制罐、不锈钢小型饮酒器、袋装塑料软包装容器、纸包装容器等。当代，较为普及的是用于饮用白酒的小型酒杯，酒杯材料主要是玻璃、瓷等，也有用玉石、不锈钢等材料制成的。中型酒杯既可作为茶具，也可作为酒具，如啤酒、葡萄酒的饮用器具，材料主要以透明的玻璃为主。

## 四、饮酒艺术

**1．酒的品评**

人们运用感觉器官（视、嗅、味、触）来评定酒的质量，区分优劣，划分等级，判断酒的风格特征的过程称为酒的品评，人们习惯称其为"评酒"，又称"品尝""感官检查""感官品尝"等。对酒品质优、次、劣的确定，仅根据理化分析结果是不够的。因为至今为止，尚未出现能够全面、正确地判断香味的仪器，理化检验还不能代替感官品尝。酒是一种味觉品，它的色、香、味是否被人们所喜爱，或被某个国家、地区的人们所喜爱，必须通过人们的感觉进行品评。

品评是一门科学，也是古人留传下来的传统技艺。据《世说新语•术解》记载："桓公（桓温）有主簿善别酒，有酒辄令先尝，好者谓'青州从事'，恶者谓'平原督邮'。"明代的《酒史》已对酒品的色、香、味提供了较为系统的评价术语。由此可见，对酒的芳香及其微妙的口味差别，从古到今，用感官鉴定法进行鉴别，仍具有其明显的优越性，理化鉴定是暂时替代不了的。酒好、酒坏，"味"最重要。在评酒计分时，"味"一般占总分的50%。苏轼认为，评判酒的好坏，"以舌为权衡也"，确是行家至理。

（1）对酒品色泽的鉴定

各种酒都有一定的色泽标准要求，如白酒的色泽要求是无色，清亮透明，无沉淀；白兰地的色泽要求是浅黄色至赤金黄色，澄清透明，晶亮，无悬浮物，无沉淀；黄酒的色泽要求是橙黄色至深褐色，清亮透明，有光泽，允许有微量聚集物；葡萄酒的色泽要求是白葡萄酒应为浅黄微绿、浅黄、淡黄、禾秆黄色，红葡萄酒应为紫红、深红、宝石红、红微带棕色，桃红葡萄酒应为桃红、淡玫瑰红、浅红色，加香葡萄酒应为深红、棕红、浅黄、金黄色，澄清透明，没有明显的悬浮物（使

用木塞密封的酒，允许有洁白泡沫）；淡色啤酒的色泽要求是淡黄色，清亮透明，没有明显的悬浮物，当注入洁净的玻璃杯中时，应有泡沫升起，泡沫洁白细腻，持久挂杯。

这些色泽要求，必须利用肉眼，看酒的外观、颜色、澄清度、异物等。对酒的观看方法是当酒注入杯中后，将杯举起，以白纸做底，对光观看；也可将杯上口与眼眉对齐，进行观看。若是啤酒，首先观察泡沫和气泡的上升情况。正常的酒品应符合上述要求，反之为不合格的酒品。

（2）对酒品香气的鉴定

人的嗅觉器官是鼻腔。嗅觉是有气味物质的气体分子在口腔内受体温的影响蒸发后，随着空气进入鼻腔的嗅觉部位而产生的。鼻腔的嗅觉部位在鼻黏膜深处的上部，称为"嗅膜"，又称"嗅觉上皮"，又因有黄色色素，又称"嗅斑"，大小为 2.7 ～ 5 平方厘米。嗅膜上的嗅觉细胞呈杆状，一端在嗅膜表面，附有鼻黏膜的分泌物；另一端为嗅球，与神经细胞相联系。嗅觉细胞因刺激而发生神经兴奋反应，传导至大脑中枢，遂发生嗅觉。有气味物质的气体分子接触到嗅膜后，会被溶解于嗅腺分泌物中，借化学作用刺激嗅觉细胞。

酒类含有芳香气味成分，其气味成分是酿造过程中由微生物产生的代谢产物，如各类酶等。酒进入口腔时所挥发的气体进入鼻咽后，与呼出的气体一起通过两个鼻孔进入鼻腔，这时，呼气也能感受到酒的气味。而且酒经过咽喉，下咽至食管后，便发生有力的呼气作用，带有酒气体分子的空气便由鼻咽迅速向鼻腔推进，此时，人对酒的气味感觉会特别明显，这是气味和口味的复合作用。酒的气味不仅可以由咽喉到鼻腔，而且在咽下以后还会再返回来，一般称为"回味"。回味有长短，并有助于分辨出是否纯净（有无邪杂气味），有无刺激性。酒的香气与味道是密切相关的，人们对滋味的感觉，有相当一部分要依赖嗅觉。

人的嗅觉是极易疲劳的，对酒的气味嗅得时间过长，就会迟钝不灵，这叫"有时限的嗅觉缺损"。我国古人说，"入芝兰之室，久而不闻其香""入鲍鱼之肆，久而不闻其臭"，指的就是嗅觉易于迟钝。所以人们嗅酒的香气时，时间不宜过长，要有间歇，借以保持嗅觉的灵敏度。

因为嗅觉在品酒过程中的重要性，荷兰著名酿酒和品酒大师伊利亚·戈特就为自己的鼻子购买了一份保险，如果他的鼻子出现问题，他将获得近 500 万欧元的赔偿。

（3）对酒品滋味的鉴定

人的味觉器官是口腔中的舌头。舌头之所以能产生各种味觉，是由于舌面上的黏膜分布着众多不同形状的味觉乳头，如舌尖和舌缘的蕈状乳头、舌边缘的叶状乳头和舌面后的轮状乳头。在味觉乳头的四周有味蕾，味蕾是味的感受器，也是在黏膜上皮层下的神经组织。味蕾的外形很像一个小蒜头，里面由味觉细胞和支持细胞组成。味觉细胞是由味觉神经纤维相连的，味觉神经纤维连成小束，通入大脑的味觉中枢。当有味的物质由味孔进入味蕾时，会刺激味觉细胞，使神经兴奋，传到大脑，经过味觉中枢的分析，各种味觉就产生了。

由于舌尖上味觉乳头的分布不同、形状不同，因此各部位的感受也就不同。在舌头的中央和背面，没有味觉乳头，就不受有味物质的刺激，没有辨别滋味的能力，但对大力、冷、热、光滑、粗糙、发涩等有感觉。舌前 2/3 的味蕾与面部神经相通，舌后 1/3 的味蕾与咽喉神经相通；软腭、咽部的味蕾与迷走神经相通。味蕾接受的刺激有酸、甜、苦、咸四种，除此之外的味觉都是复合味觉。舌尖对甜味最为敏感，舌根专司苦味，舌的中央和边缘对酸味和咸味敏感，涩味主要由口腔黏膜感受，辣味则是舌面及口腔黏膜受到刺激所产生的痛觉。味蕾的数量随年龄的增长而变化。一般 10 个月大的婴儿，其味觉神经纤维已成熟，能辨别出咸、甜、苦、酸。味蕾数量在人 45 岁左右时增长到极点，到 75 岁以后，味蕾数量大幅减少。

酒类含有很多呈味成分，主要有高级醇、有机酸、羰基化合物等，这与酿造原料、工艺方法、储存方法等是分不开的。酒的呈味成分通过人口腔中的舌头刺激味蕾，使人产生感觉，从而鉴定出酒质优劣，滋味好坏。

　　**2.品酒方法**

　　（1）品白酒

　　首先，将白酒倒入透明的酒杯中，置于光线明亮处，对着白色的背景倾斜，观察其色泽、透明度、有无悬浮物和沉淀物。

　　然后，将酒杯举起，置酒杯于鼻下二寸处，轻嗅其气味。在闻的时候不能对酒呼气。先不要摇杯，闻白酒的香气挥发情况，之后摇杯闻香气。最好用右手端杯，左手煽风继续闻。香性突出的白酒香气四溢，芳香扑鼻，且香气协调，主体香突出，无其他邪杂气味。

　　最后，将酒杯举起，将杯口放在嘴唇之间，头部稍后仰，将白酒吸入口中。一入口，香气就充满口腔，大有冲喷之势的，说明白酒中的低沸点香气物质较多；咽下后，口有余香，酒后作嗝，还有一种令人舒适的特殊香气喷出的，说明酒中的高沸点酯类较多。

　　（2）品黄酒

　　首先，观其色泽，晶莹透明，有光泽，不混浊，无悬浮物，无沉淀物泛起荡漾于其中，为极富感染力的琥珀红色。

　　然后，将鼻子移近酒盅或酒杯，闻其幽雅、诱人的馥郁芳香。此香是一种深沉、特别的脂香和黄酒特有的酒香的混合。

　　最后，用嘴轻啜一口，搅动整个舌头，徐徐咽下，其美的感受非纸上文字所能表达。

　　（3）品红酒

　　首先，把酒倒入无色葡萄酒杯中，举至齐眼的高度观察酒的颜色。好的红葡萄酒呈宝石红色（红宝石的颜色），澄清，近乎透明，且越亮越好。次酒或加了其他东西的红葡萄酒其颜色不正，亮度很差。

　　然后，将酒杯举起，鼻子靠近酒杯，优质红葡萄酒香气较淡，表现为酒香和陈酿香且没有任何令人不愉快的气味。劣质葡萄酒闻起来都有一股不可消除的令人不悦的"馊味"或刺鼻的怪味。因此，闻香是判断葡萄酒酒质优劣的可靠方法。

　　最后，将杯口放在嘴唇中间，并压住下唇，头部稍向后仰，把酒吸入口中，轻轻搅动舌头，使酒均匀地分布在舌头表面，然后将葡萄酒控制在口腔前部，稍后咽下。每次品尝吸入的酒应在小半口左右。葡萄酒入口圆润，在口腔中令人感觉良好，酒味和涩味和谐平衡，咽下后留在口腔中的醇香和微涩的感觉较长。口感极其舒适，尤其是酒中那种糖的甘醇、芳美的感觉，是从其他酒处无法领略的。它有纯正的橡木香味和利口酒的独特香气，细腻典雅，醇和圆润。

**【小知识】**

鉴别真假白酒

　　1.看包装

　　认真、综合审视该酒的商标名称、色泽、图案，以及标签、瓶盖、酒瓶、合格证、礼品盒等方面的情况。好的白酒包装上标签的印刷是十分讲究的，纸质精良白净，字体规范清晰，色泽鲜艳均匀，图案套色准确，油墨线条不重叠。真品包装的边缘接缝整齐严密，没有松紧不均、

留缝隙的现象。

　　2．检查瓶盖

　　我国名白酒的瓶盖大多使用铝质金属防盗盖，盖体光滑，形状统一，开启方便，盖上的图案及文字整齐清楚，对口严密。若是假冒产品，盖口不易扭断，而且图案、文字模糊不清。

　　3．倒置酒瓶

　　把无色透明玻璃瓶包装的酒瓶拿在手中，慢慢地倒置过来，对着光观察瓶的底部，如果有下沉的物质或呈云雾状，说明酒中杂质较多，而且，若是假冒产品，将酒瓶倒过来时往往漏酒；如果酒液不失光、不混浊，没有悬浮物，说明酒的质量比较好。从色泽上看，除酱香型白酒外，其他白酒一般都应该是无色透明的。若酒是瓷瓶或带色玻璃瓶包装的，稍微摇动后开启，同样观其色和有否沉淀物。

　　4．闻香辨味

　　把白酒倒入无色透明的玻璃杯中，对着自然光观察，应清澈透明，无悬浮物和沉淀物；然后闻其香气，用鼻子贴近杯口，辨别香气浓度和香气特点；最后品其味，喝少量白酒并在舌面上铺开，分辨味感的薄厚、绵柔、醇和、粗糙，以及酸、甜、甘、辣是否协调，有无余味。低档或劣质白酒一般用质量差或发霉的粮食做原料，工艺粗糙，喝着呛嗓子、上头。

　　5．摩擦生热

　　取几滴白酒放在手心里，然后合掌使两手心接触，用力摩擦几下，如发出的气味清香，则为优质白酒；如气味发甜，则为中档白酒；如气味苦臭，则为劣质白酒。

　　6．滴油

　　在白酒中加一滴食用油，看油在白酒中的运动情况。如果油在白酒中的扩散比较均匀，并且均匀下沉，则该白酒的质量较好；如果油在白酒中呈不规则扩散状态，且下沉速度变化明显，则可以肯定该白酒的质量有问题。

# 五、酒礼、酒道和酒令

　　**1．酒礼**

　　（1）酒礼的产生

　　中国素有"礼仪之邦"的美誉。礼是人们在社会生活中形成的总准则、总规范。古代的礼渗透到了政治制度、伦理道德、婚丧嫁娶、风俗习惯等各个方面，酒行为自然也纳入了礼的范畴，这就产生了酒行为的礼节——酒礼，用以体现酒行为中的贵贱、尊卑、长幼，乃至各种不同场合的礼仪规范。

　　（2）酒礼的意义和作用

　　酒礼有许多值得继承和发扬的精华，如要尊敬父兄师长，行为要端庄，饮酒要有节制，酿酒、酤酒要讲质量、重信誉等。酒礼在酒席中处于非常重要的位置。在古代，敬酒礼仪非常烦琐、复杂，讲究敬酒的次数、快慢、先后。由何人先敬酒、如何敬酒都有礼数，如有差错，重者撤职，轻者罚喝酒。还有"有礼之会，无酒不行"，更说明酒在宴席中往往起到"礼"的作用，同时也起到"乐"的作用，美妙尽在其中。酒还可在各项社会活动中作为赏人、谢人的礼物。

　　（3）古代酒礼

　　古代饮酒的礼仪有四步：拜、祭、啐、卒爵。就是先做拜的动作，表示敬意；接着把酒倒出

一点点酒在地上，祭谢大地生养之恩；然后尝尝酒味并加以赞扬，令主人高兴；最后举杯而尽。

在酒席上，主人要向客人敬酒，叫作"酬"；客人要回敬主人，叫作"酢"；敬酒时还要说上几句敬酒词。客人之间也可相互敬酒，叫作"旅酬"。有时须依次向人敬酒，叫作"行酒"。敬酒时，敬酒的人和被敬酒的人都要"避席"起立。普通敬酒以三杯为度。

主人和客人一起饮酒时，要相互跪拜。晚辈在长辈面前饮酒，叫作"侍饮"，通常要先行跪拜礼，然后坐入次席。长辈命晚辈饮酒，晚辈才可举杯；长辈酒杯中的酒尚未饮完，晚辈也不能先饮尽。

（4）现代酒礼

斟酒礼仪：主人应给客人先斟酒；斟酒时不可满杯，再斟酒应在对方干杯后，或杯中酒很少时；为长者斟酒不必太频繁；斟酒时切忌摇动酒壶或酒瓶，切忌将酒壶口对着客人；客人在夹菜或吃菜时，不要为其斟酒；对于不会饮或不能再饮的客人，不必强斟酒；晚辈不宜让长辈为自己斟酒。

敬酒礼仪：主人要先向主宾敬酒，然后依次向其他客人敬酒，或向所有客人敬酒；客人也要向第一主人回敬酒，再依次向其他主人回敬酒；晚辈先向最长者敬酒，再依次向其他长者和同辈敬酒；当别人正在喝酒、夹菜、吃菜时，不要敬酒。

祝酒礼仪：主人在饮酒前要根据酒宴的内容和对象，表达对客人的良好祝愿，以助酒兴，主要有三种形式：一是祝酒词，在大型外交或社交活动中，首先应由东道主致辞，随后由客人代表致答谢词；二是祝酒诗，更具文化色彩；三是祝酒歌，中国少数民族多以此种形式祝酒，能让客人兴高采烈，现场气氛也十分轻松活跃。

饮酒礼仪：要根据自己的酒量，饮到五分为佳，节制饮量，以免失态；充分尊重客人的意愿，让酒席气氛轻松愉快；不要采用将酒杯反扣于桌子上的方式拒绝饮酒；先酒后饭，不能酒未喝完而先吃饭。

2．酒道

酒有酒道，茶有茶道，人有人道。凡事一旦有了道，便成了一种品位、一种情趣。

酒道是指有关酒和饮酒的事理。中国古代酒道的根本要求就是"中和"二字，"未发，谓之中"，也就是说，对酒不嗜饮，无酒不思酒，有酒不贪酒。有酒，可饮，亦能饮，但饮酒不过，饮而不贪；饮似若未饮，绝不及乱，故谓之"和"。平和协调，不偏不倚，无过无不及。这就是说，酒要饮到不影响身心，不影响正常生活和思维的程度为好，要以不产生任何消极的影响与后果为度。对酒道的理解应是，酒不仅着眼于既饮而后的效果，而且贯穿于酒事的自始至终。"庶民以为饮，君子以为礼"，合乎"礼"，就是酒道的基本原则。

【小知识】

## 酒　道

中国自古对饮酒之道非常讲究，古人饮酒讲究以"礼"为要，以"令"为趣，感受酒之外的精神享受。酒道中讲究品正、器美、令雅。

品正是指除酒品外还包括饮品、艺品和人品。

器美是指容酒器和饮酒器要精美漂亮，能唤起饮酒者的饮趣和饮酒的欲望，也能激发饮酒者对美的向往。

令雅是指饮酒行令时，以各人不同的才华，创造出妙语如珠、出神入化的高雅令辞，被历代饮酒的文人雅士所推崇和模仿。

3．酒令

酒令，又称"行令"，是酒席上饮酒时助兴劝饮的一种游戏。酒令的产生可以上溯至东周时代，但酒令的真正兴盛却在唐代。可将酒令分为以下两大类。

（1）雅令

见于史籍的雅令有四书令、花枝令、筹令、诗令、谜语令、改字令、典故令、牙牌令、人名令、快乐令、对字令等。

雅令的行令方法：先推一人为令官，或出诗句，或出对子，其他人按首令之意续令，所续之令必在内容与形式上与先令相符，不然则被罚饮酒。行雅令时，必须引经据典，分韵联吟，当席构思，即席应对。这就要求行酒令者既要有文采和才华，又要敏捷和机智，所以雅令是最能展示饮酒者才华的酒令。

四书令是以《大学》《中庸》《论语》《孟子》中的句子组合而成的一种酒令。在明清两代的文人宴会上，四书令大行其道，用以检测文人的学识与机敏程度。

花枝令是一种以击鼓传花或抛彩球等物来行令饮酒的方式。

筹令是唐代的一种筹令饮酒方式，如安雅堂酒令等。安雅堂酒令有50种酒令筹，上面写有各种不同的劝酒、酌酒、饮酒方式，并与古代文人的典故相吻合，既能活跃酒席气氛，又能使人掌握许多典故。

（2）通令

通令的行令方法主要有掷骰、抽签、划拳、猜枚、骨牌、游艺、抓阄等。通令很容易制造酒席中的热闹气氛，因此较为流行。但行通令时的掳拳奋臂、叫号喧豗，则有失风度，显得粗俗、单调、嘈杂。

民间流行的划拳，唐代时称为"拇战""招手令""打令"等。划拳时拆字、联诗较少，吉庆语言较多。由于猜拳形式简单，通俗易学，又带有很强的刺激性，因此深得广大人民群众的喜爱，中国古代一些较为普通的民间家宴中，用得最多的酒令就是划拳。

## 六、酒与习俗

中国人一年中的几个重大节日都有相应的饮酒活动，如端午节饮菖蒲酒，重阳节饮菊花酒，除夕饮屠苏酒等。在一些地方，如江西民间，春季插完禾苗后要欢聚饮酒，庆贺丰收时更要饮酒，酒席散尽之时，往往是"家家扶得醉人归"。人们认为，必须选出一些日子让人们欢聚畅饮，于是便有了节日，而且节日很多，几乎月月都有。中国代代相传的举国共饮的节日如下。

1．春节

春节俗称过年。汉武帝时规定农历正月初一为元旦；辛亥革命后，将正月初一改称为春节。春节期间要饮用屠苏酒、椒酒（椒柏酒），寓意吉祥、康宁、长寿。

"屠苏"原是草庵之名。相传古代有人住在屠苏庵中，每年除夕，他都会给邻里一包药，让人们将药放在水中浸泡，到元旦（今春节）时，再用此水对酒，合家欢饮，使全家人一年之中都不会染上瘟疫。后人便将这草庵之名作为酒名。饮屠苏酒始于东汉。明代李时珍的《本草纲目》中有这样的记载："屠苏酒，陈延之《小品方》云：'此华佗方也。元旦饮之，辟疫疠一切不正之气。'"宋代王安石在《元日》中这样写道："爆竹声中一岁除，春风送暖入屠苏。千门万户曈曈日，总把新桃换旧符。"饮用方法也颇讲究，"由幼及长"。

椒酒是用椒花浸泡制成的酒，它的饮用方法和屠苏酒一样。梁宗懔在《荆楚岁时记》中这样记载："俗有岁首用椒酒，椒花芳香，故采花以贡樽。正月饮酒，先小者，以小者得岁，先酒贺之。老者失岁，故后与酒。"北周庾信在诗中写道："正朝辟恶酒，新年长命杯。柏叶随铭至，椒花逐颂来。"

### 2．元宵节

元宵节又称"灯节""上元节"。这个节日始于唐朝，因为时间在农历正月十五，是"三官大帝"的生日，所以过去的人们都向天宫祈福，用五牲、果品、酒供祭。祭礼后，撤供，家人团聚，畅饮一番，晚上观灯、看烟火、食元宵（汤圆），以祝贺新春佳节结束。

### 3．中和节

中和节又称"春社日"，时在农历二月初一，后改为二月初二。人们在中和节祭祀土神，祈求丰收，有饮中和酒、宜春酒的习俗，说是此日饮酒可医治耳疾，因而有人将此日所饮的酒称为"治聋酒"。宋代李涛在诗中写道："社公今日没心情，为乞治聋酒一瓶。恼乱玉堂将欲遍，依稀巡到第三厅。"据《广记》记载："村舍作中和酒，祭勾芒种，以祈年谷。"据清代陈梦雷纂的《古今图书集成·酒部》记载："中和节，民间里闾酿酒，谓宜春酒。"

### 4．清明节

清明节为阳历4月5日。人们一般将寒食节与清明节合为一个节日，有扫墓、踏青的习俗。清明节始于春秋时期的晋国，在这个节日，饮酒不受限制。据唐代段成式著的《酉阳杂俎》记载，在唐代时，于清明节宫中设宴饮酒之后，宪宗李纯又赐给宰相李绛酴酒。

清明节饮酒有两个原因：一是寒食节期间，不能生火吃热食，只能吃凉食，饮酒可以增加热量；二是借酒平缓或麻醉人们哀悼亲人的心情。

古人针对清明饮酒赋诗者较多，唐代白居易在诗中写道："何处难忘酒，朱门羡少年。春分花发后，寒食月明前。"杜牧在《清明》一诗中写道："清明时节雨纷纷，路上行人欲断魂。借问酒家何处有？牧童遥指杏花村。"

### 5．端午节

端午节又称"端阳节""重午节""端五节""重五节""女儿节""天中节""地腊节"等，时在农历五月初五，大约形成于春秋战国之际。人们为了辟邪、除恶、解毒，有饮菖蒲酒、雄黄酒的习俗；同时还有为了壮阳增寿而饮蟾蜍酒和为了镇静安眠而饮夜合花酒的习俗。

其中，较为普遍的是饮菖蒲酒。据文献记载，唐代光启年间（885—888年）即有饮菖蒲酒的事例。唐代殷尧藩在诗中写道："少年佳节倍多情，老去谁知感慨生；不效艾符趋习俗，但祈蒲酒话升平。"除此之外，历代文献都有所记载，如唐代《外台秘要》《千金要方》，宋代《太平圣惠方》，明代《本草纲目》《普济方》及清代《清稗类钞》等古籍中，均载有菖蒲酒的配方和服法。菖蒲酒是我国传统的时令饮料，而且历代帝王也将它列为御膳时的饮料。

明代刘若愚在《明宫史》中记载："初五日午时，饮朱砂、雄黄、菖蒲酒，吃粽子。"清代顾铁卿在《清嘉录》中也有记载："研雄黄末，屑蒲根，和酒饮之，谓之雄黄酒。"由于雄黄有毒，现在人们不再用雄黄兑制酒饮品。

饮蟾蜍酒、夜合花酒的习俗，在元代龙辅创作的《女红余志》和清代南沙三余氏撰的《南明野史》中都有所记载。

#### 6. 中秋节

中秋节又称"仲秋节""团圆节"等，时在农历八月十五。在这个节日里，无论是家人团聚，还是挚友相会，人们都离不开赏月饮酒。文献诗词中对中秋节饮酒的描述比较多，《说文》记载："八月黍成，可为酎酒。"唐代诗人韩愈写道："一年明月今宵多，人生由命非由他。有酒不饮奈明何。"

我国用桂花酿造露酒有悠久历史，战国时期已酿有"桂酒"，《楚辞》中有"奠桂酒兮椒浆"的记载。

汉代郭宪的《汉武帝别国洞冥记》中也有"桂醪"及"黄桂之酒"的记载。

唐代酿桂酒较为流行，有些文人也善酿此酒，宋代叶梦得在《避暑录话》中有"刘禹锡传南方有桂浆法，善造者暑月极快美。凡酒用药，未有不夺其味，况桂之烈，楚人所谓桂酒椒浆者，安知其为美酒"的记载。

金代，北京酿制的"百花露名酒"中就有桂花酒。

清代，中秋节以饮桂花酒为习俗。据清代潘荣陛著的《帝京岁时纪胜》记载，八月中秋，"时品"桂花东酒。桂花东酒为京师传统节令酒，也是宫廷御酒。对此，文献中有"于八月桂花飘香时节，精选待放之花朵，酿成酒，入坛密封三年，始成佳酿，酒香甜醇厚，有开胃、怡神之功"的记载。直至今日还有中秋节饮桂花酒的习俗。

#### 7. 重阳节

重阳节又称"重九节""茱萸节"，时在农历九月初九。此节日中，人们有登高饮酒的习俗，始于汉朝。宋代高承撰的《事物纪原》记载："菊酒：《西京杂记》曰，戚夫人侍儿贾佩兰，后出为段儒妻，说在宫内时，九月九日佩茱萸，食蓬饵，饮菊花酒，云令人长寿。登高：《续齐谐记》曰，汉桓景随费长房学。谓曰，九月九日，汝家当有灾厄，急令家人作绢囊，盛茱萸，悬臂登高山，饮菊花酒，祸乃可消。景率家人登山，夕还，鸡犬皆死。房曰，此可以代人。"自此以后，历代人们每逢重阳节就要登高、赏菊、饮酒，延续至今不衰。

明代医学家李时珍在《本草纲目》中记载，常饮菊花酒可"治头风，明耳目，去痿痹，消百病""令人好颜色不老""令头不白""轻身耐老延年"等。因而古人在吃菊花的根、茎、叶、花的同时，还用来酿制菊花酒。除饮菊花酒外，有人还饮用茱萸酒、茱菊酒、黄花酒、薏苡酒、桑落酒、桂酒等。

历史上酿制菊花酒的方法不尽相同。晋代是"采菊花茎叶，杂秫米酿酒，至次年九月始熟，用之"。明代是用"甘菊花煎汁，同曲、米酿酒，或加地黄、当归、枸杞诸药亦佳"。清代是用白酒浸渍药材，而后采用蒸馏提取的方法酿制。因此，从清代开始，所酿制的菊花酒就被称为"菊花白酒"。

#### 8. 除夕

除夕俗称"大年三十"，时在一年的最后一天的晚上。人们有别岁、守岁习俗，即除夕通宵不寝，回顾过去，展望未来。这种习俗始于南北朝时期。梁代徐君倩在《共内人夜坐守岁》一诗中写道："欢多情未及，赏至莫停杯。酒中喜桃子，粽里觅杨梅。帘开风入帐，烛尽炭成灰。勿疑鬓钗重，为待晓光催。"除夕守岁都是要饮酒的，唐代白居易在《客中守岁》一诗中写道："守岁尊无酒，思乡泪满巾。"孟浩然写过这样的诗句："续明催画烛，守岁接长筵。"宋代苏轼在《馈岁》中写道："岁晚相与馈问为馈岁，酒食相邀呼为别岁，至除夜达旦不眠为守岁。"

除夕饮屠苏酒、椒酒，这原是正月初一的饮用酒品。宋代苏辙在《除日》一诗中这样写道："年年最后饮屠苏，不觉年来七十余。"明代袁凯在《客中除夕》中这样写道："一杯柏叶酒，未敌泪千行。"唐代杜甫在《杜位宅守岁》一诗中写道："守岁阿戎家，椒盘已颂花。"除夕之夜，全家团聚喝团圆酒，向长辈敬辞岁酒，这一习俗延续至今。

# 第二节　中国茶文化

## 茶与神农氏的传说

相传有一天，"三皇"之一炎帝神农氏在采集奇花野草时，尝到一种草叶，使他口干舌麻，头晕目眩，于是他放下草药袋，背靠一棵大树斜躺下休息。一阵风吹过，他似乎闻到一股清鲜香气，但不知这清香从何而来。抬头一看，只见树上有几片叶子冉冉落下，叶子绿油油的，他心中好奇，便信手拾起一片放入口中慢慢咀嚼，感到味虽苦涩，但有清香回甘之味，索性嚼而食之。食后更觉气味清香，舌底生津，精神振奋，且头晕目眩减轻，口干舌麻渐消，令他好生奇怪。于是他再拾几片叶子细看，其叶形、叶脉、叶沿均与一般树木不同，因而又采了些芽叶、花果而归。以后，神农氏将这种树命名为"茶树"，将芽叶命名为"茶"。

**【想一想】**

神农氏嚼食茶叶顿觉气味清香，舌底生津，精神振奋，这说明茶叶有什么功效？

茶源于中国，至今已有约 5 000 年的历史。俗语说"柴米油盐酱醋茶""琴棋书画诗酒茶"，其中，茶已完全融入了人们的日常消费和文化生活中。茶根植于中华故土，是几千年中华文明发展的历史见证；茶，移植于他乡，是中外文明的传播媒介。茶不仅是一种饮品，更是一种博大精深的文化。茶文化是中国传统文化的重要组成部分。

茶文化以茶为载体，并通过这个载体来传递各种文化，是茶与文化的有机融合，这包含和体现了一个时期的物质文明和精神文明风貌。

## 一、茶文化的起源与发展

唐代"茶圣"陆羽在《茶经》里说："茶之为饮，发乎神农氏。"据考证，神农时代属中国历史上的原始社会时期。据《神农本草经》记载："神农尝百草，日遇七十二毒，得茶而解之。"这个"茶"指的就是茶。因此，传说中的炎帝神农氏是茶的发现者。

茶树原产于我国云南、贵州、四川三省的密林之中。这些地区气候温暖潮湿，是茶树生长的理想之地。据植物学家考证，茶树的起源至今已有 6 000 万～7 000 万年的历史。后来由于地质变迁及人为栽培，茶树普及中华大地，并逐渐传播至世界各国。

巴蜀地区（主要指今四川省和重庆市）自古被人们称为孕育中国茶业和茶文化的摇篮。茶文化的形成，与巴蜀地区早期的政治、风俗及茶叶的饮用有着密切的关系。

茶文化的形成和发展可以分为以下几个阶段。

**1. 启蒙时期——三国以前**

武王伐纣时，巴蜀地区的部落酋长们已经将茶叶和当地产的蜜橘作为贡品向周武王进贡，可见当时的茶已成为珍贵物品，受到人们的重视；西周时期，在巴蜀地区，茶叶已经从野生变为人工栽培；战国时期，茶叶生产已有了一定规模，先秦《诗经》总集中就有了关于茶的记载。西汉时，饮茶已经很普及了，人们把茶叶的新鲜芽叶烹煮成汤，茶叶甚至成了一种商品。东汉华佗在《食经》中记录了茶的医用价值。三国时期，吴王孙皓"以茶代酒"的故事，说明饮茶已经不单纯是为了治病和解渴，而是一种社会交往手段了。

**2. 萌芽时期——晋代、南北朝**

茶以文化面貌出现，是在汉魏、两晋、南北朝时期。东晋时，饮茶已经成为宴请宾客的礼仪。南北朝时，北方少数民族已经用茶招待宾客了。到了隋朝，全民已经普遍饮茶。

随着佛教传入、道教兴起，饮茶也与佛教、道教联系起来。在道家看来，茶是帮助人们修炼内丹、升清降浊、轻身换骨、修成长生不老之体的好办法；在佛家看来，茶是禅定入静的必备之物。尽管此时尚未形成完整的宗教饮茶仪式，也未阐明饮茶的科学道理，但茶已经脱离了作为饮食的物态形式，而具有了显著的社会、文化功能，中国茶文化初见端倪。

**3. 形成时期——唐代**

780年陆羽著《茶经》，这是唐代茶文化形成的标志，是世界上第一部关于茶科学的专著，它的面世具有划时代的意义。在《茶经》中，"茶"这个字才被创造出来，在此之前，因为没有"茶"字而以"荼"字代之。《茶经》中叙述了茶叶的起源、产地、种植方法、采制、烹饮及其器具等。唐代中期以后，饮茶之风开始从皇宫、贵族、文人雅士阶层逐渐普及到社会的中下阶层，特别受到了普通百姓的欢迎。

**4. 兴盛时期——宋代**

宋代是历史上饮茶活动相当活跃的时代，民间饮茶方式丰富多彩，斗茶风起。文人中出现了专业品茶社团，宋太祖赵匡胤是位嗜茶之士，在宫廷中设立了专管茶事的机关，宫廷用茶已分等级，赐茶也成皇帝笼络大臣、眷怀亲族的重要手段。至于下层社会，茶文化更是生机勃勃，有人迁徙，邻里要"献茶"；有客来，要敬"元宝茶"；订婚时要"下茶"，结婚时要"定茶"，同房时要"合茶"。

**5. 普及时期——明代、清代**

从明代开始，被元代冷落的茶叶生产和饮茶得以恢复和昌盛。此时已出现蒸青、炒青、烘青等茶类，茶类增多，泡茶技艺有别，茶具款式、质地、花纹千姿百态。茶文化至清代，已发展成一种高度文化。明代散叶茶的流行已带领中国茶文化的发展迈向一个新台阶，而明代50多部茶书著作，象征着茶文化的高度发展。清代茶叶产量较明代明显提高，而茶叶贸易由国内市场扩展到海外。清代茶书的写作也胜过明代。

明清两代交替之际，茶馆开始兴盛，特别是清代，各种茶馆、茶肆、茶档作为百姓活动的重要场所，如雨后春笋般迅速发展起来，饮茶成为人们生活中必不可少的一部分。

**6. 现代茶文化**

我国茶叶产量从1949年的年产7 500吨发展到2019年的年产279万吨，居世界第一，占全球产量的45%。茶文化发展到今天，特别是最近的几十年，中国茶叶、茶文化发展到了一个崭

新的阶段，无论是茶叶品种的丰富、采制技术的精良，以及茶文化的多姿多彩，都是前人所无法比拟的。

总之，茶文化的发展历程不仅仅是一种饮食文化的形成过程，同时也映射出中华民族上下五千年积淀下来的精神特质与文化内涵。

【小知识】

"茶"字趣解

"茶"字象征长寿。"茶"字的草字头与"廿"相似；中间的"人"字与"八"相似；下边的"木"字可分解为"八"和"十"。将由"茶"字分解出来的"廿"加上"八"再加上"八十"，等于108。因此，古代文人便把108岁的老人称为"茶寿老人"。久而久之，"茶"字被用来代表长寿的意思。

## 二、中国茶叶的分类及特点

按发酵程度不同，可将茶叶分为六大类：绿茶、红茶、青茶、黄茶、白茶、黑茶。除以上这六大类外，常见的还有再加工茶，如花茶、紧压茶、添加味茶和非茶之茶等。

1. 绿茶

绿茶属于不发酵茶，发酵度为0。这类茶的颜色是绿色，泡出来的茶汤是绿黄色，因此称为绿茶（见图5-11）。

图5-11 绿茶

（1）工艺：杀青（用高温的方法破坏或钝化茶叶中氧化酶的活性，使茶叶的色、香、味稳定下来）、揉捻（将茶叶中的细胞揉死，改变茶叶的形状）、干燥。

（2）原料：嫩芽、嫩叶。

（3）颜色：干茶以绿色为主。因环境、地理位置不同，茶叶的颜色也不同，有翠绿色、黄绿色、碧绿色、墨绿色等。

（4）汤色：以绿色为主，黄色为辅。

（5）香气：清新的绿豆香、茶香。品种不同，茶叶的香气也不同。

（6）滋味：滋味淡，味苦。

（7）代表茶：西湖龙井、黄山毛峰、太平猴魁、碧螺春、六安瓜片等。

**2. 红茶**

红茶属于完全发酵茶，发酵度为100%。因其颜色是深红色，泡出来的茶汤又呈朱红色，所以叫"红茶"。

（1）工艺：萎凋（让茶青失去一部分水分）、揉捻（将茶叶中的细胞揉死，揉捻成条状）、发酵（让茶叶充分与空气中的氧气接触，发生氧化反应）、干燥。

（2）原料：大叶、中叶、小叶。

（3）颜色：暗红色。

（4）汤色：红艳、明亮。

（5）香气：独特的麦芽香——一种焦糖香。

（6）滋味：入口醇厚，略带涩味。

（7）代表茶：祁门红茶（见图5-12）、宁红、滇红等。

图5-12　祁门红茶

【小知识】

### 红茶的种类

**1. 正山小种**

福建的正山小种红茶是世界红茶的鼻祖。该茶冲泡后，汤色红浓，香气高长，带有松烟香，滋味醇厚，带有桂圆汤味，加入牛奶，茶香味不减，液色更绚丽。

**2. 祁红**

祁红指祁门红茶，有数百年的历史。祁门红茶的品质讲究香高、味醇、形美、色艳。该茶冲泡后，内质清芳，带有蜜糖果香，上品茶又带有兰花香，香气持久；汤色红艳明亮，滋味干鲜醇厚，叶底鲜红明亮。

**3. 滇红**

滇红是云南红茶的统称，产于云南省南部与西南部的部分地区。该茶芽壮叶肥，生有茂密的白毫，质软而嫩；以外形肥硕坚实、金毫显露和香高味浓的品质独树一帜。

**4. 湖红工夫**

湖红工夫主产于湖南安化、桃源一带。该茶外形条索紧结，尚算肥实，香气高，滋味醇厚，汤色浓，叶底红、稍暗。湖红工夫自古享有"醇香播太清"的美名。正宗的湖红工夫讲究的是口感醇厚饱满、香味浓郁。

5. 闽红工夫

闽红工夫是政和工夫、坦洋工夫和白琳工夫三种红茶的统称，都是福建特产。

6. 宜红

宜红指宜昌工夫红茶，产于武陵山系和大巴山系，因古时均在宜昌地区进行集散和加工，所以称为宜昌工夫红茶。宜红工夫红茶条索紧细，有金毫，内质香味鲜醇，汤色红亮，有"冷后浑"的特点，系我国高品质工夫红茶之一。

3. 青茶

青茶属于半发酵茶，发酵度为10%～70%，俗称乌龙茶。

（1）工艺：采摘成熟的叶片，在阳光下进行晒青，将茶的青草气挥发掉，使清香气散发出来，才能形成乌龙茶特有的香气。首先经过摇青（青茶底叶的绿叶红镶边是通过做茶的摇青技术得来的）、凉青的做青技术，然后杀青、揉捻（球形或半球形的茶要用布包起来揉捻，条形茶则不需要）、干燥。

（2）原料：成熟的对口叶，枝叶连理。

（3）颜色：干茶的颜色为青绿色、黄绿色、青褐色。

（4）汤色：根据发酵程度的不同，汤色为翠绿色、蜜绿色或金黄色。

（5）香气：散发花香、果香、熟果香。

（6）滋味：口齿留香，入口回甘带蜜味。

（7）代表茶：冻顶乌龙、高山翠玉、安溪铁观音、闽北水仙、大红袍等。

【小知识】

#### 乌龙茶的由来

自古以来，关于乌龙茶的由来就流传着很多美丽的传说。其中，流传较广的是在清朝雍正年间，福建省安溪县有一个叫苏龙的茶农，因其皮肤黝黑，大家都叫他"乌龙"。他每天都要上山采茶，顺便狩猎，并以此为生。有一天他正在采茶的时候，发现了一头山獐，于是开枪将其捕获。傍晚回到家中，全家人都忙着烹制和品尝山獐的美味，忘记了制茶。结果第二天再制茶的时候发现叶子镶上了红边，茶叶的香味更加香浓，也没有了以前的苦涩，于是经过多种尝试终于将这种茶叶研制出了新的茶品，并以乌龙的名字命名为"乌龙茶"。

4. 黄茶

黄茶属于部分发酵茶，发酵度为10%。黄茶的制造工艺类似于绿茶，制作时加以闷黄，因此具有黄汤、黄叶的特点。

（1）工艺：杀青、揉捻、闷黄、干燥。

（2）原料：带有茸毛的芽头、芽叶。

（3）颜色：叶黄、汤黄、叶底黄。

（4）汤色：黄而明亮。

（5）香气：清醇，滋味醇厚。

（6）滋味：清鲜醇爽，回甘。

（7）代表茶：君山银针、霍山黄芽等。

5. 白茶

白茶属于部分发酵茶，发酵度为 10%。因其最初采用茶树的嫩芽制成，细嫩的芽叶上面盖满了细小的白毫，得名"白茶"。

（1）工艺：萎凋、干燥（当萎凋达到七八成干时，晾干或烘干）。

（2）原料：壮芽、嫩芽。

（3）颜色：干茶外表披满白色茸毛，毫心洁白如银，色白隐绿。

（4）汤色：浅淡，杏黄色。

（5）香气：清香。

（6）滋味：甘洌爽口，甘醇。

（7）代表茶：银针白毫、白牡丹、寿眉等。

6. 黑茶

黑茶属于后发酵茶，放置的时间越长越好，是我国特有的茶类，生产历史悠久，可以制成紧压茶，以边销茶为主。

（1）工艺：杀青、揉捻、渥堆（渥堆是决定黑茶品质的关键工序，渥堆时间的长短和程度的轻重，会使成品茶的品质有明显的差别）、干燥。

（2）原料：粗老的梗叶。

（3）颜色：干茶为黑褐色。

（4）汤色：橙黄色、枣红色。

（5）香气：香味醇厚，浓郁，并带有特殊的陈香。

（6）滋味：醇厚，回甘好。

（7）代表茶：湖南黑茶、普洱茶（见图 5-13）、湖北佬扁茶、四川边茶、广西六堡散茶等。其中，云南普洱茶在国内外都享有盛名。

图 5-13　普洱茶

7. 花茶

花中加茶窨制而成的茶为花茶，是再加工茶。花茶既有鲜花高爽持久的芬芳，又有茶叶原有的醇厚滋味。

（1）工艺：经窨花拌和、通花、出花、烘干等一系列工艺技术处理而成。

（2）原料：茶主要以绿茶、红茶、青茶为主，花有茉莉花、玫瑰花、桂花、玉兰花等。

（3）颜色：外形以条索紧细圆直、色泽乌绿均匀、有光亮的为好。

（4）汤色：与原料茶的种类有关，以原料茶的汤色为主，也可能带有花本身的颜色。

（5）香气：浓郁花香和茶香。

（6）滋味：凉温均有，因富有花的特质，另有花的味道。

（7）代表茶：茉莉花茶、玫瑰红茶、桂花乌龙茶等。

8．紧压茶

紧压茶为再加工茶，是对毛茶（主要有绿茶、红茶、青茶、黑茶等）进行加工、蒸压而成的，有茶砖、茶饼、茶团等不同形态。

（1）工艺：高温蒸软、压制。

（2）原料：毛茶。

（3）颜色：黄褐色。

（4）汤色：枣红色或暗红色。

（5）香气：醇正的陈年旧香。

（6）滋味：醇厚，回甘好。

（7）代表茶：福建的水仙饼茶、黑茶紧压茶，湖南的茯砖、黑砖、花砖等，云南的七子饼茶、普洱沱茶，四川的康砖、金尖，湖北的老青茶，广西的六堡散茶等。

9．添加味茶和非茶之茶

添加味茶是指在茶叶中添加其他材料产生新口味的茶，如液态茶、添加草药的草药茶、八宝茶等。非茶之茶是指制作原料中没有茶叶却又习惯称其为茶的饮料，如绞股蓝茶、冬瓜茶、人参茶、菊花茶等。

## 三、中国十大名茶

据统计，中国有千余种茶叶，其中最有名的十种被推为"中国十大名茶"。

1．西湖龙井（绿茶）

西湖龙井因产于浙江省杭州市西湖龙井村及其附近而得名，以色绿、香郁、味醇、形美享誉中外。正宗的龙井干叶扁平挺大，大小长短匀齐，色泽绿中透黄，用玻璃杯冲泡可见茶芽直立的景象。龙井按产区不同有"狮""龙""云""虎""梅"茶之分，其中以狮峰所产甚佳，有"龙井之巅"的美誉。

2．碧螺春（绿茶）

碧螺春产于江苏省苏州市太湖的洞庭山，条索纤细，卷曲成螺，茸毛披覆，银绿隐翠，清香文雅，浓郁甘醇，鲜爽生津，回味绵长，以花果香味、芽叶细嫩、色泽碧绿、形纤卷曲、满披茸毛为古今所赞美。碧螺春属细嫩炒青绿茶，创制于明末清初。碧螺春原名"吓煞人香"，康熙皇帝南巡时品饮后，认为茶虽是极品但其名不雅，赐名"碧螺春"，"碧"指茶的色泽，"螺"指茶的外形，"春"指采制季节。

3．黄山毛峰（绿茶）

黄山毛峰产于安徽省黄山地区，是毛峰茶中的佳品。其主要特点是外形似雀舌，匀齐壮实，峰显毫露，汤色嫩绿黄润，滋味鲜浓醇厚，回味甘甜。特级黄山毛峰又称"黄山云雾茶"，产量极少。

**4. 太平猴魁（绿茶）**

太平猴魁产于安徽省黄山脚下、太平湖畔，尤以猴坑高山茶园所采制的尖茶品质出众，因此称为"猴魁"。太平猴魁外形挺直扁平，肥厚壮实，全身白毫，叶色苍绿光润，叶脉绿中隐红，冲泡后可见"刀枪云集，龙飞凤舞"的景象，具有独特的兰花香和"猴韵"。

**5. 六安瓜片（绿茶）**

六安瓜片产于安徽省六安地区的齐云山等地，因外形似瓜子而得名，是绿茶中唯一去梗、去芽的特种茶。其色泽翠绿，香气清新，味香甘美，具有一定的药效。

**6. 信阳毛尖（绿茶）**

信阳毛尖产于河南省信阳市的车云山、连云山、集云山、天云山、云雾山、白龙潭、黑龙潭、何家寨，即"五云两潭一寨"。信阳毛尖外形细、圆、光、直，多白毫，色呈深绿，香高持久，带有熟板栗的香气，滋味浓醇，回甘生津。

**7. 君山银针（黄茶）**

君山银针产于湖南省洞庭湖中的君山岛，是黄茶中杰出的代表，因其形似银针而得名。其成品茶芽头壮硕，坚实挺直，芽身金黄，身披银毫，汤色黄亮明净，叶底嫩黄清亮，香气清醇，滋味甘爽。冲泡时，可从清亮的茶汤中看到一根根银针直立而上，几番飞舞后慢慢沉落，最后聚在一起立于杯底；入口时清香醉人，满口芳香。

**8. 安溪铁观音（青茶）**

铁观音又称"闽南乌龙"，是青茶中的珍品，产于福建省南部的安溪县一带。此类茶条索卷曲，肥壮圆实呈颗粒状，叶表带白霜。铁观音与其他茶种最大的区别在于其独特的兰花香，冲泡后仅闻一下杯盖，就能闻到扑鼻的兰花香，高雅、含蓄、渗透力强，令人印象深刻。

**9. 凤凰水仙（青茶）**

凤凰水仙产于广东省潮州市的凤凰山。由于选用原料、制造工艺的精细程度不同，按成品品质，将凤凰山区的茶依次分为凤凰单丛、凤凰浪菜、凤凰水仙三个品级。凤凰水仙有天然花香，滋味浓醇爽甘，耐冲泡。汤澄黄、明澈，叶呈"绿叶金镶边"，外形壮挺，色泽金褐光润，泛朱砂红点。

**10. 祁门红茶（红茶）**

祁门红茶产于安徽省祁门县一带。此类茶条索苗秀，色泽乌润，气味清香持久，似果香，又似蕴藏的兰花香。其滋味鲜香醇厚，单独泡饮好喝，加入牛奶和糖调饮也很可口，香味不减。它与印度的大吉岭、斯里兰卡的乌伐茶齐名，并称为"世界三大高香名茶"。

此外，我国台湾地区气候温和，土壤肥沃，非常适合茶树的生长，因此名茶颇多。被评为台湾地区十大名茶的有冻顶乌龙、文山包种茶、东方美人茶、松柏常青茶、木栅铁观音、三峡龙井、阿里山珠露茶、高山茶、龙泉茶、日月潭红茶。

【小知识】

### 酥 油 茶

酥油茶是西藏的代表性饮食。其原料主要是酥油和茶。其中，酥油是从牛奶、羊奶中提取

的油脂，似黄油，西藏人民喜欢用牦牛奶制作的酥油。制作时，先把鲜奶倒入木桶中，使其轻微发酵，然后用专用的工具反复搅拌上千次后，油水就会上下分离。此时，小心地把上层漂浮的油捞出来，放在凉水里，双手反复揉捏，直到杂质清除干净，就变成了纯正的酥油。

在制作酥油茶的时候，先把酥油放在桶中，加少许食盐，倒入浓茶，然后反复搅拌，直到茶和酥油充分融合变成乳状就可以了。

## 四、茶具

茶具一般指茶杯、茶碗、茶壶、茶盏、茶碟等饮茶用具。芳香美味的茶叶配上质优、雅致的茶具，更能衬托茶汁的颜色，保持浓郁的茶香。

我国茶具种类繁多、造型优美，除实用价值外，也有颇高的观赏价值。茶具的材质对茶汤的香气和味道有重要的影响，因此茶具多以材质的不同进行分类。常使用的和常出现的茶具主要有陶器茶具、瓷器茶具、玻璃茶具、金属茶具、漆器茶具和竹木茶具六大类。这里简要介绍较常用的三类。

### 1. 陶器茶具

陶器茶具历史悠久、品种繁多，如安徽的阜阳陶、山东的博山陶、广东的石湾陶，以及其他的地方陶均可制成茶具。江苏宜兴的紫砂陶茶具很受欢迎。宜兴生产紫砂陶至今已有近千年历史，在宜兴有"家家制陶"之说。

宜兴紫砂茶具是以当地特有的质地优良、细腻、含铁量高的特殊陶土制作而成的无釉细陶器，如茶壶、品茗杯、闻香杯、水方、壶承等。其中很具代表性的是茶壶，造型简练大方、淳朴古雅、多种多样，有牡丹、莲花、树根、竹节、松段、瓜果等造型，表面镌刻名人字画、诗词、印鉴等。

喜爱品茗的人之所以偏爱紫砂茶具（见图5-14），主要有以下原因：

① 造型古朴别致；

② 用以泡茶能保持茶的色、香、味不变，泡茶不易馊；

③ 沸水急注不炸裂，散热慢，提手不烫；

④ 使用越久，越光洁古雅，茶味越醇香。

图 5-14 紫砂茶具

### 2. 瓷器茶具

我国早期的茶具以陶器为主。瓷器发明后，陶器茶具逐渐被瓷器茶具（见图5-15）所替代。瓷器茶具独有的淡泊清雅，提升了品茶情趣，深受好茶之人的喜爱。瓷器茶具泡茶后能较好地反映和保持茶的色、香、味、形，而且造型美观、洁白卫生、外饰典雅、图文清晰，蕴涵很高的艺术价值。瓷器茶具以江西景德镇、湖南醴陵、河北唐山、山东淄博等地生产的为代表，有

各式粗瓷／精瓷的单个、成套、成组茶具。其中，景德镇的瓷器茶具更为著名。

图 5-15　瓷器茶具

江西景德镇是我国著名的"瓷都"。宋代是景德镇制瓷业的成功时代，在胎质、造型、釉色等工艺上已臻于完美。当时创烧的陶瓷作为茶具上品，应用最广。

**3．玻璃茶具**

琉璃在古时候属稀罕之物，其质地通透明亮、色泽光润。到了近现代，随着玻璃制造工艺的发展，古之珍贵的琉璃终于发展成今天价廉物美的玻璃，并以其独有的特点和优势成为茶具选材的后起之秀。

玻璃质地完全透明，光可鉴人，传热快，不透气。其可塑性极大，制成的茶具（见图 5-16）形态各异，外观秀美，晶莹剔透，光彩夺目。用玻璃茶具泡茶时，茶汤色泽鲜艳，茶叶细嫩柔软。看茶叶在整个冲泡过程中上下浮动，叶片逐渐舒展，可以说是一种动态的艺术欣赏。特别是冲泡各类名茶，杯中轻雾缥缈，澄清碧绿，芽叶朵朵，亭亭玉立，令人观之赏心悦目，别有一番情趣。

图 5-16　玻璃茶具

## 五、茶艺

**1．古代饮茶方法**

古人喝茶重在"品"。品是一种方法，一种领略真味的方法。凡品茶者，要细品慢啜，"三口方知真味，三番才能动心"。

（1）唐代以前的煮茶法

所谓煮茶法，是指将茶放在水中烹煮而饮。唐代以前没有制茶法，从魏晋南北朝一直到初唐，人们主要是将茶树的叶子采摘下来直接煮成汤羹饮用，饮茶就像今天喝蔬菜汤一样。唐代中后期，饮茶以陆羽煎茶法为主，但煮茶的习惯并没有完全摒弃，特别是在少数民族地区较为流行。

【小知识】

### 铁壶煮茶

"水为茶之母，器为茶之父。"这句俗话道出了茶壶在中国茶道中的地位。陆羽的《茶经·四之器》中有记："鍑（fù）：以生铁为之，今人有业冶者，所谓急铁。其铁以耕刀之趄炼而铸之，内抹土而外抹沙。土滑于内，易其摩涤；沙涩于外，吸其炎焰。方其耳，以令正也；广其缘，以务远也；长其脐，以守中也。脐长则沸中，沸中，末易扬，则其味淳也。"

所谓鍑，为唐宋时期以生铁为原料制作而成的煮水器，这种煮水器有利于茶味甘醇。鍑本身是一种没有提手的煮茶器，日本在其上面加上提手，成为铁壶。

铁壶煮茶不仅能使茶变得圆润、甘甜，口感饱满顺滑，还能够吸附水中的氯离子，释放铁离子，对健康有益。

（2）唐代的煎茶法

煎茶法通常用茶饼，主要程序有备茶、备水、生火煮水、调盐、投茶、育华、分茶、饮茶、洁器等步骤。煎茶法一出现，就受到士大夫阶层、文人雅士和品茗爱好者的喜爱，特别是到了唐代中后期逐渐成熟并流行起来。由于茶圣陆羽是煎茶法的创始人，因此，煎茶法又被称为"陆氏煎茶法"。可以说，煎茶之道是中国茶道形成的雏形，兴盛于唐代、五代和两宋，历时约500年。

（3）宋代的点茶法

宋代，饮茶方式逐渐发生了新的变化，煎茶法由于烦琐复杂而开始走下坡路，新兴的点茶法成为时尚。点茶法主要包括备器、选水、取火、候汤、习茶等环节。点茶时，先将茶饼碾成末，放在碗中待用；烧水时，要注意调整炭火；待水初沸时立即离火，冲泡碗中的茶末，同时搅拌均匀，待茶末上浮，形成粥面，即可饮用。点茶法于唐代末期出现，到北宋时期逐渐发展成熟，北宋后期至明代前期达到鼎盛阶段，明代后期走向衰亡，在茶史中陆续存在了约600年。

（4）明清时期的泡茶法

泡茶法是将茶放在茶壶或茶盏中，以沸水冲泡后直接饮用的便捷方法。明清时期的泡茶法是用壶冲泡，即先把茶置于茶壶中冲泡，然后分到茶杯中饮用。泡茶的步骤主要包括备器、择水、取火、候汤、投茶、冲泡、沥茶、品茶等。今日流行于福建、两广、台湾等地区的"功夫茶"泡法，便是以明清时期的泡茶法为基础发展起来的。

综上所述，唐代及五代时期的饮茶方式都以煎茶法为主，宋元时期以点茶法为主。泡茶法虽然在唐代已经出现，但是始终没有传播开来，直到明清时期才开始流行，并逐渐取代煎茶法和点茶法而成为主流。

【小知识】

### 岳飞巧用姜盐茶

传说南宋绍兴五年（1135年），岳飞奉朝廷之命带兵南下与杨幺领导的农民军作战。岳家军

多来自中原，驻军江南后因水土不服，士兵中腹泻、厌食和乏力的病号日渐增多，由此影响了军队的作战能力和士气。岳飞平日喜读医书，他见该地盛产茶叶、黄豆、芝麻、生姜，便吩咐部下煎熬姜、黄豆、芝麻、茶汤并加点盐让士兵饮用，果然军中病号大为减少。此后这种茶被称为"姜盐茶"，很快在附近的百姓间流传开来。

茶性寒，姜性热，一寒一热，正好调平阴阳。所以，姜盐茶健脾胃，驱风寒，去腻强身。

**2．现代饮茶方法**

饮茶是一种生活享受。闲暇之时，三五朋友围坐，一杯好茶在手，慢慢啜饮，默默赏味，能使人进入一种忘我的精神境界，欢愉、轻快、激动、舒畅之情油然而生。

（1）绿茶的泡饮方法

绿茶冲泡后的最大特点，就是茶叶条索舒展，在水中的形态富于变化。为了能更好地进行观察，透明度高的玻璃杯是冲泡绿茶的首选。除玻璃杯外，白瓷茶杯也是不错的选择。冲泡绿茶的适宜水温为85℃左右，根据冲泡方法，以及茶叶品种、时节、鲜嫩程度的不同，水温可适当调整。冲泡绿茶有3种常用方法，即上投法、中投法和下投法。上投法是指先注水再投放茶叶的冲泡方法，多适用于炒青绿茶；中投法是指先注入1/3杯水，再投放茶叶，最后注至七成满的热水，适用于较为细嫩的茶叶；下投法是指先投放茶叶后冲水的冲泡方法，适用于细嫩度较差的一般绿茶。

品饮绿茶以三次冲泡为最佳，至第三泡之后，滋味已经开始变淡。冲泡好的绿茶应在3～6分钟内、温度为55～65℃时饮用完毕，不可久放，放置超过6分钟后，口感就会变差，失去绿茶的鲜爽之感。

（2）红茶的泡饮方法

适合品饮红茶的茶具是白色瓷杯或瓷壶。质地莹白、隐隐透光的白色瓷杯盛入色彩红艳瑰丽的红茶茶汤，使人在升腾的雾霭中感受扑鼻而来的香气。红茶宜用沸水冲泡，高温可将红茶中的茶多酚和咖啡因充分萃取出来。对于高档红茶，适宜的水温为95℃左右；稍差一点的红茶适宜的水温为95～100℃。

根据红茶茶汤调味与否，可将泡饮红茶分为清饮法和调饮法。清饮法是指将茶叶放入茶壶中，加沸水冲泡，然后注入茶杯中细品慢饮，不在茶汤中加任何调味品。中国人多喜欢清饮。调饮法是指在泡好的茶汤中加入奶或糖、柠檬汁、蜂蜜、咖啡、香槟酒等，以佐汤味。调饮法在现代广为流行，尤其受到年轻人的喜爱。

（3）青茶的泡饮方法

品饮青茶讲究用小杯慢慢品啜，闻香玩味。福建"功夫茶"泡法历史悠久、自成体系，配有一套精巧玲珑的茶具，曰"烹茶四宝"，即潮汕风炉、玉书碨、孟臣罐、若琛瓯。潮汕风炉是一只缩小的粗陶炭炉，生火专用；玉书碨是一个缩小的瓦陶壶，架在风炉上，烧水专用；孟臣罐是一个比普通茶壶还小的紫砂壶，专供"功夫茶"用；若琛瓯是一个只有半个乒乓球大小的白色瓷杯，通常一套有3～5只不等，专供"功夫茶"用。青茶要求的冲泡水温是最高的（水温为100℃），即水沸之后立即冲泡。

品饮青茶的方式非常独特，一般用右手食指和拇指夹住茶杯杯沿，中指抵住杯底，先赏茶色，再闻其香，最后品尝其味。

（4）花茶的泡饮方法

不同的花茶所选用的茶具有不同的讲究。对于高档花茶，其品质特色和绿茶相似，所以可

用透明度高的玻璃杯冲饮，以便欣赏其"茶舞"；还可以选用白瓷盖碗或带盖的瓷杯，以防止浓郁的花香散失。普通花茶，则适合用大瓷壶冲泡，可以得到较理想的茶汤。冲泡花茶，水温在85～95℃为宜。

品花茶时重在闻香。闷泡之后，打开杯盖，随着热腾腾的水雾，浓烈的花香混合茶香扑面而来，令人心旷神怡，未尝先醉。

## 六、茶礼和茶道

### 1. 茶礼

客来敬茶，这是我国汉族同胞重情好客的传统美德与礼节。直到现在，宾客至家，人们总要沏上一杯香茶。喜庆活动，也用茶点招待。开个茶话会，既简便经济，又典雅庄重。所谓"君子之交淡如水"，也是指清香宜人的茶水。

茶礼还是我国古代婚礼中一种隆重的礼节。清代孔尚任在《桃花扇·媚座》中写道："花花彩轿门前挤，不少欠分毫茶礼。"说明以茶为礼婚俗的存在。古人结婚以茶为礼，认为茶树只能从种子萌芽成株，不宜移植，所以便有了以茶为礼的婚俗，寓意"爱情像茶一样忠贞不移"。女方接受男方聘礼，叫"下茶"或"茶定"，有的叫"受茶"，并有"一家不吃两家茶"的谚语。同时，还把整个婚姻的礼仪总称为"三茶六礼"。这些习俗，现在当然没有了，但婚礼的敬茶之礼，仍沿用至今。

【小知识】

#### 乾隆和叩指礼

如今在某些场合使用的叩指礼，传说源于乾隆下江南巡查时的逸闻。他和侍从太监来到苏州，由于天气太热，走得口渴难忍，见到一家茶馆就径直走了进去。乾隆率先落座，随手拿起茶壶就斟茶，给自己斟完，就给侍从太监斟。侍从太监怕暴露身份，不敢下跪施礼，于是就将右手的中指和食指弯曲，面对乾隆轻轻地叩了几下，表示下跪施礼，向皇上谢恩。乾隆见侍从太监如此聪明，很是高兴，也点头称许。事后这件事从皇宫里传了出来，就成了民间表示致谢的一种茶酒礼节。

### 2. 茶道

茶道是一种综合文化，具有时代性和民族性。茶道精神是茶文化的核心，也是茶文化的灵魂，是指导茶文化活动的最高原则。中国的茶道精神是整个民族文化精神的一部分，是几千年来艺术、道德、哲学、宗教等多种文化的综合。它以茶事活动为载体，渗透了泡茶、品茶过程中所追求的思想和精神内涵。通过泡茶、品茶来达到修身养性、品味人生的精神享受，以及参禅悟道、陶冶情操的道德修养。茶道与茶艺的不同之处在于，茶艺讲究外在的表现形式，而茶道更注重精神内涵。

"茶道"一词从使用以来，历代茶人都没有给它下过一个准确的定义。近年来对茶道见仁见智的理解越来越多。

中国茶道的基本精神是什么呢？

台湾中华茶艺协会第二届大会通过的茶艺基本精神是"清、敬、怡、真"。台湾教授吴振铎解释：

"清"是指清洁、清廉、清静、清寂。茶艺的真谛不仅要求事物外表之清，更需要心境清寂、宁静、明廉、知耻；"敬"是万物之本，乃尊重他人，对己谨慎；"怡"是欢乐怡悦；"真"是真理之真，真知之真。饮茶的真谛，在于启发智慧与良知，使人生活得淡泊明志、俭德行事，臻于真、善、美的境界。

大陆学者对茶道的基本精神有不同的理解，其中很具代表性的是茶界泰斗庄晚芳教授提出的"廉、美、和、敬"。庄老解释为"廉俭育德，美真康乐，和诚处世，敬爱为人"。

"武夷山茶痴"林治先生认为，"和、静、怡、真"应作为中国茶道的四谛。"和"是中国茶道哲学思想的核心，是儒、佛、道三教共通的哲学理念，是茶道的灵魂。"静"是中国茶道修习的必由之路，中国茶道是修身养性，追寻自我之道。"怡"是中国茶道中茶人的心灵感受；"怡"有和悦、愉快之意，中国茶道是雅俗共赏之道，体现于日常生活之中，它不讲形式，不拘一格。"真"是中国茶道的起点，也是终极追求，中国人不轻易言"道"，而一旦论"道"，则执着于"道"，追求于"真"，茶事活动的每个环节都要认真，每个环节都要求真。

【小知识】

### 中国茶文化对日本茶文化的影响

日本茶道的源流，可上溯到8世纪上半叶。当时日本从中国引进茶文化，完全照搬中国贵族书院式的茶道模式。经过几个世纪的消化吸收，到16世纪时，千利休提倡茶道应以"无中万般有""一即是多"的禅宗思想为根底，去掉一切人为的装饰，追求至简至素的情趣。他首先改革了茶室，由书院式的茶道发展为草庵式的茶道，从茶室建筑、装饰和摆设，到煮茶方法、使用茶具样式和吃茶礼仪，进一步融入禅的简素清寂，俗称"空寂茶"。由此，日本有了"茶禅一味"的说法，茶道也因此成为修炼精神和交际礼法之道。

 **课后作业**

**一、填空题**

1. 酿造酒有_____、_____、_____、_____等。蒸馏酒有_____、_____、_____、_____等。

2. 古代饮酒的礼仪有_____、_____、_____、_____四步。

3. 酒令可以分为_____和_____两大类。

4. 按发酵程度不同，可将茶叶分为六大类：_____、_____、_____、_____、_____、_____。

5. 我国茶具主要有_____、_____、_____、_____、_____和_____六大类。

6. 用紫砂茶具泡茶有_____、_____、_____、_____等优点。

**二、简答题**

1. 酒的发展经历了哪些阶段？这些阶段分别有哪些特点？

2. 何谓酒道？

3. 什么是酒令？

4．中国茶文化的形成和发展经历了哪几个阶段？

三、简述题

1．简述我国的十大茶类及其中的名品。

2．简述中国十大名茶及其产地。

3．简述绿茶、红茶、青茶、花茶的泡饮方法。

四、实训题

1．准备一段关于我国白酒起源的导游讲解词，并将讲解录制为小视频。

2．参加一次当地的茶艺活动。

五、能力拓展题

1．茅台酒享誉世界。请从酒文化的角度分析，为什么我国国宴中总有茅台酒。

2．茶、咖啡、可可被称为世界三大饮料。请收集资料，分析对比它们各自的文化背景的相同点和不同点。

# 第六章　中国饮食民俗

**学习目标**

1．了解日常食俗。
2．了解节日食俗。
3．了解人生礼仪食俗。

## 第一节　日常食俗和节日食俗

**典故导入**

### 中秋吃月饼的神奇传说

唐高祖年间，大将军李靖征讨匈奴得胜，农历八月十五凯旋。当时有经商的吐鲁番人向唐高祖献饼祝捷。高祖李渊接过华丽的饼盒，拿出圆饼，笑指空中明月说："应将胡饼邀蟾蜍。"说完把饼分给群臣一起吃。

南宋吴自牧的《梦粱录》一书中已有"月饼"一词，但对中秋赏月和吃月饼的描述，则是明代的《西湖游览志馀》中才有记载："八月十五谓之中秋，民间以月饼相遗，取团圆之义。"到了清代，关于月饼的记载就多起来了，而且月饼制作得越来越精细。

月饼（见图6-1）象征着团圆，是中秋佳节必食之品。在节日之夜，人们还爱吃些西瓜、柚子等团圆的果品，祈祝家人生活美满、甜蜜、平安。

图6-1　月饼

【想一想】

中秋节人们吃月饼，有什么象征意义？

食俗隶属于生产消费民俗的范畴，是民俗中非常活跃、持久、有特色，具群众性和生命力的一个重要分支。中国饮食民俗是构成中国饮食文化的要素。

中国疆域辽阔，民族众多。各民族由于居住地区的自然环境不同，生活方式、风俗习惯各异，所以其饮食来源、制作方法、礼俗、饮食观念和思想等也各不相同，从而形成了各自的饮食文化模式。下面仅对汉族的日常食俗和节日食俗进行简要介绍。

## 一、日常食俗

**1. 主食特点**

汉族人口众多，分布区域广，不同区域的汉族有着互不相同的日常饮食习惯。由于各区域出产的粮食作物不同，因此主食也不一样。米食和面食是汉族主食的两大类型，南方和北方种植稻类的地区以米食为主，种植小麦的地区则以面食为主。此外，各地的其他粮食作物，如玉米、高粱、薯类作物也是不同地区主食的组成部分。汉族主食的制作方法丰富多彩，米面制品就有数百种以上。

**2. 菜肴特点**

菜肴是汉族饮食结构的重要组成部分，不同区域因分布地域的不同，又各不相同。

首先，原料具有地方特色。例如，东南沿海的各种海味食品，北方山林的各种山珍野味，广东一带民间的蛇餐蛇宴，西北地区多种多样的牛羊肉菜肴，以及各地一年四季不同的蔬菜果品等，都反映出菜肴方面的地方特色。

其次，受到生活环境和口味的制约。例如，喜食辛辣食品的地区多与种植水田和气候潮湿有关。

再次，各地的烹制方法（包括配料、刀工、火候、调味、烹制技术）、要求和特点的不同，都是形成菜肴类型的重要因素。

最后，各地的烹制方法都深受当地食俗的影响，在民间口味的基础上逐步发展为各有特色的地区性菜肴类型，产生了汉族丰富多彩的烹调风格，发展为具有代表性的菜系。川菜、闽菜、鲁菜、苏菜、湘菜、浙菜、粤菜、徽菜等各具特色，汇聚成汉族丰富多彩的饮食文化。

**3. 饮料特点**

酒和茶是汉族主要的两大饮料。中国是茶叶的故乡，也是世界上最早发明酿造技术的国家之一。酒文化和茶文化在中国源远流长，是构成汉族饮食习俗不可缺少的部分。

在汉族的日常饮食中，酒是不可或缺的。汉族有句俗话"无酒不成席"，酒可以助兴，可以增加欢乐的气氛。酒是汉族人在日常生活和各种社会活动中传达感情、增强联系的一种媒介。

汉族人饮茶始于神农时代。直到现在，中国汉族同胞还有"以茶代礼"的风俗。来了客人，沏茶、敬茶的礼仪是必不可少的。在饮茶时，也可适当佐以茶食、糖果、菜肴等，达到调节口味和当点心之功效。

## 二、节日食俗

汉族的饮食受到本地区自然环境的直接影响，同时也与一定的社会文化环境有密切的关系。汉族与其他民族一样，节日食品是丰富多彩的。节日食品常常将丰富的营养成分、赏心悦目的艺术形式和深厚的文化内涵巧妙地结合起来，成为比较典型的节日饮食文化。

### 1. 春节食俗

汉族的春节食俗，食物一般以年糕、饺子（见图6-2）、糍粑、汤圆、荷包蛋、大肉丸、全鱼、福橘、苹果、花生、瓜子、糖果、香茗为主。

图6-2　饺子

除夕的年夜饭尤为讲究：一是全家成员务必聚齐，对因故未回者也必须留一个座位和一套餐具，体现团圆之意；二是饭食丰盛，重视口彩，年糕叫"步步高"，饺子叫"万万顺"，酒水叫"长流水"，鸡蛋叫"大元宝"，全鱼叫"年年有余"，但是这条鱼准看不准吃，名为"看余"，必须留待初一再食用，而北方无鱼的地区，多刻条木头鱼替代；三是座次有序，多为祖辈居上，孙辈居中，父辈居下，不分男女老幼，都要饮酒。吃饭时关门闭户，热闹尽兴而止。

除夕的家宴菜肴，各地都有自己的特色。旧时，北京、天津一般人家做大米干饭，炖猪肉、牛羊肉、鸡肉，再做几个炒菜。陕西家宴一般为"四大盘""八大碗"，"四大盘"为炒菜和凉菜，"八大碗"以烩菜、烧菜为主。安徽南部仅肉类菜肴就有红烧肉、虎皮肉、肉圆子、木樨肉、粉蒸肉、炖肉及猪肝、猪心、猪肚制品，另外还有各种炒肉片、炒肉丝等。湖北东部地区为"三蒸""三糕""三丸"，"三蒸"是蒸全鱼、蒸全鸭、蒸全鸡，"三糕"是鱼糕、肉糕、年糕，"三丸"是鱼丸、肉丸、藕丸。

黑龙江哈尔滨一带的年夜饭，一般人家炒八个、十个或十二个、十六个菜不等，其主料无非是鸡鸭鱼肉和蔬菜。赣南的年夜饭一般为十二道菜。浙江有些地方一般为"十大碗"，讨"十全十福"之彩头，以鸡鸭鱼肉及各种蔬菜为主。江西南昌地区一般有十多道菜，讲究四冷、四热、八大菜、两个汤。

各地除夕家宴上都有一种或几种必备的菜，而这些菜往往具有某种吉祥的含义。例如，苏州一带，餐桌上必有青菜（安乐菜）、黄豆芽（如意菜）、芹菜（勤勤恳恳）。湖南的中南部地区必有一条一千克左右的鲤鱼，称为"团年鱼"，必有一个三千克左右的猪肘子，称为"团年肘子"。皖中、皖南餐桌上有两条鱼，一条是完整的鲤鱼，只能看，不许吃，既敬祖又表示年年有余；另一条是鲢鱼，可以吃，象征连子连孙、人丁兴旺。祁门家宴的第一碗菜是"中和"，用豆腐、香菇、冬笋、虾米、鲜肉等制成，含义为"和气生财"。合肥的饭桌上有一碗"鸡抓豆"，意思是"抓

钱发财"。管家人要吃一只鸡腿，名为"抓钱爪"，意味着"明年招财进宝"。安庆的当家人要在饭前吃一碗面条，叫"钱串子"。南昌地区必食年糕、红烧鱼、炒米粉、八宝饭、煮糊羹，其含义依次是"年年高升""年年有余""粮食丰收""八宝进财""年年富裕"。北方地区春节喜吃饺子，寓意"团结"，表示吉利和辞旧迎新。为了增加节日的气氛和乐趣，历代人们在饺子馅上下了许多功夫，常在饺子里包上洗干净的硬币，谁吃到就意味着来年会发大财；在饺子里包上蜜糖，谁吃到就意味着来年生活甜蜜等。

2. 端午节食俗

农历五月初五是我国传统的端午节，端者，初也，五为阳数，故又称"端阳节"。端午节除了人们所共知的吃粽子外，各地还有丰富的端午食俗。

我国江汉平原每逢端午节时，除食粽子外，还必食黄鳝。黄鳝又名鳝鱼、长鱼等。端午时节的黄鳝圆肥丰满，肉嫩鲜美，营养丰富，不仅食味好，而且具有滋补功能。因此，民间有"端午黄鳝赛人参"之说。

江西南昌地区，端午节要煮茶蛋和盐水蛋吃。蛋有鸡蛋、鸭蛋、鹅蛋。蛋壳涂上红色，用五颜六色的网袋装着，挂在小孩子的脖子上，意为祝福孩子"逢凶化吉，平安无事"。

河南、浙江等省的农村，每逢端午节这天，家里的主妇起得特别早，将事先准备好的大蒜和鸡蛋放在一起煮，供一家人早餐食用。有的地方，还在煮大蒜和鸡蛋时放入几片艾叶。早餐食大蒜、鸡蛋、烙油馍，这种食法据说可以避"五毒"，有益健康。

在温州地区，端午节家家还有吃薄饼的习俗。薄饼是采用精白面粉调成糊状，在又大又平的铁煎锅中烤成一张张形似圆月、薄如绢帛的半透明饼，然后用绿豆芽、韭菜、肉丝、蛋丝、香菇等做馅，卷成圆筒状，一口咬下去，可品尝到多种味道。

【小知识】

### 端午节吃粽子的由来

端午节吃粽子是屈原故里民间的传统习俗。粽子（见图6-3）古称"角黍"。《本草纲目·谷部四》解释说："古人以菰芦叶裹黍米煮成，尖角，如棕榈叶心之形，故曰粽，曰角黍。"关于粽子的由来，唐代沈亚之在《屈原外传》中记载，屈原投江后，人们非常思念他，每到五月初五，就用竹筒装上食物，投入江中祭祀。到了东汉建武年间，长沙有个叫区回的人，大白天忽然看见了三闾大夫屈原显灵，对他说祭祀食物被蛟龙窃走，并告诉他以后再投，要裹上蓼叶，再缠上五色线，蛟龙害怕这些东西，就不会吃了。区回把这次奇遇告诉了乡亲们，乡亲们便按照"屈原的吩咐"精心制作粽子。这个习俗一直沿袭至今。这个神奇的传说，最先被梁代文学家吴均写成一篇志怪小说，收录到《续齐谐记》里。各种传说都说明，粽子是人们祭祀屈原的食品，后来又成为端午节主要的节日食品。至于为什么把它投入江中，一种说法是给屈原吃的；另一种说法是"作此投江，以饲蛟龙"，也就是说，专门用粽子来喂蛟龙，以免它伤害屈原的身体。

屈原故里的人们做粽子特别讲究，他们既不以广东粽子有一斤左右而称奇，也不以苏州粽子不用糯米而为怪，而是选用上好的糯米，在糯米中间放颗红枣，用宽宽的蓼叶把粽子包得有棱有角，然后缠上细细的五色丝线。棱角分明的外形，象征着屈原刚直不阿的品格；雪白的糯米，意味着屈原廉洁清贫的一生；那颗红枣，表示屈原对楚国和乡亲们对屈原的火热的心。屈原故里还流传着《粽子歌》："有棱有角，有心有肝。一身洁白，半世熬煎。"

图6-3　粽子

### 3．中秋节食俗

一说起中秋节，人们自然就会想到家人围坐在一起一边赏月一边吃月饼的景象。其实，中秋节吃月饼的习俗也是不断演变而来的。

古时汉族的中秋宴席，以宫廷食品最为精致。例如，明代中秋时宫廷内兴吃螃蟹，把螃蟹用蒲包蒸熟后，众人围坐在一起品尝，并佐以食醋；食毕饮苏叶汤，并用之洗手；酒桌四周摆满鲜花、大石榴及其他时令鲜果。此外，还要演出和中秋有关的戏曲。明代宫廷内多在某一院内朝东放置一扇屏风，屏风两侧摆放鸡冠花、毛豆枝、芋头、花生、萝卜、鲜藕等；屏风前摆放一张八仙桌，上置一个特大的月饼，四周摆满糕点和瓜果，以祭月。祭月完毕后，按人数将月饼切成若干块，每人象征性地尝一口，名曰"吃团圆饼"。清代，宫廷内的月饼之大令人难以想象，如末代皇帝溥仪赏给总管内务府大臣绍英的一个月饼"径约二尺许，重约二十斤"。

文人对中秋节吃月饼的描述最早见于苏轼的"小饼如嚼月，中有酥与饴"。明代以来，有关中秋赏月、吃月饼的记载就更多了。《宛署杂记》中记载，每到中秋，百姓都会制作面饼互相赠送，面饼大小不等，称为"月饼"。市场店铺里卖的月饼多用果肉做馅，味道极佳。《熙朝乐事》里也说，八月十五被称为"中秋"，民间以月饼作为礼品互相赠送，取团圆之意。这天晚上，家家举行赏月家宴，或者带上装月饼的盒子和酒壶到湖边去通宵游玩。在西湖苏堤上，人们载歌载舞。从这些记载中可以看到杭州百姓中秋赏月的盛况。

长期以来，我国人民在月饼的制作上积累了丰富的经验，种类越来越多，工艺也越来越讲究。咸、甜、荤、素，各有其味；光面、花边，各具特色。明末彭蕴章在《幽州土风吟》中写道："月宫饼，制就银蟾紫府影，一双蟾兔满人间。悔煞嫦娥窃药年，奔入广寒归不得，空劳至杵驻丹颜。"这说明心灵手巧的厨师已经把嫦娥奔月的传说再现于月饼之上。清代富察敦崇的《燕京岁时记》也有"至供月，月饼到处皆有，大者尺余，上绘月宫蟾兔之形"的描述。时至今日，各种各样的月饼更是异彩纷呈。不管月饼怎么变化，都寄托着人们对生活的无限热爱和对美好生活的向往。

### 【小知识】

#### 中秋节各地的习俗

中国地缘较广，人口众多，风俗各异，中秋节的过法也是多种多样，并带有浓厚的地方特色。

在福建浦城，女子过中秋节要穿行南浦桥，以求长寿。在建宁，中秋夜以挂灯为向月宫求子的吉兆。上杭人过中秋节，儿女多在拜月时请月姑。龙岩人吃月饼时，会在中间挖出直径为2～3寸（1寸≈3.33厘米）的圆饼供长辈食用，意思是秘密事不能让晚辈知道，这个习俗源于月饼中藏有反元杀敌信息的传说。金门人中秋节拜月前要先拜天公。

广东潮汕各地有中秋节拜月的习俗，主要是妇女和小孩，有"男不圆月，女不祭灶"的俗谚。晚上，皓月初升，妇女们便在院子里、阳台上设案，当空祷拜，银烛高燃，香烟缭绕，桌上还摆满佳果和饼食作为祭礼。当地还有中秋节吃芋头的习惯，潮汕有俗谚："河溪对嘴，芋仔食到。"八月正是芋头的收获时节，农民都习惯以芋头来祭拜祖先。

中秋夜烧塔在一些地方也很盛行。塔高1～3米不等，多用碎瓦片砌成，大的塔还要用砖块砌成基础，约占塔高的1/4，然后用瓦片叠砌而成，顶端留一个塔口，供投放燃料用。中秋夜便点火燃烧，燃料有木、竹、谷壳等，火旺时泼松香粉，引焰助威，极为壮观。民间还有赛烧塔惯例，谁把瓦塔烧得全座红透则胜，不及者或在燃烧过程中倒塌者则负，胜者由主持人发给彩旗、奖金或奖品。

江南一带，民间的中秋节习俗也多种多样。除吃月饼外，南京人在中秋节必吃金陵名菜桂花鸭。桂花鸭于桂子飘香之时应市，肥而不腻，味美可口。酒后必食一个小的糖芋头，浇以桂浆，美不可言。"桂浆"，取自屈原《楚辞•九歌》中的"援北斗兮酌桂浆"。桂浆又称"糖桂花"，中秋节前后采摘桂花后，用糖及酸梅腌制而成。江南妇女手巧，把诗中的咏物变为桌上佳肴。南京人合家赏月称"庆团圆"，团坐聚饮称"圆月"，出游街市称"走月"。

明初，南京有望月楼、玩月桥；清代，狮子山下有朝月楼，皆供人赏月。其中以游玩月桥者为最。在明月高悬时，人们结伴游玩月桥，以共睹玉兔为乐。玩月桥在夫子庙秦淮河南，桥旁为名妓马湘兰宅第，这夜，士子聚集桥头笙箫弹唱，追忆牛渚玩月，对月赋诗，故称此桥为"玩月桥"。明亡后，此桥渐渐衰落，后人有诗云："风流南曲已烟销，剩得西风长板桥。却忆玉人桥上坐，月明相对教吹箫。"长板桥，即原先的玩月桥。近年来，南京夫子庙重新修葺，已恢复明清年间的一些亭阁，疏浚河道，待到中秋佳节时，就可结伴同来领略此地的玩月佳趣了。

在江苏无锡，中秋夜要烧斗香。香斗四周糊有纱绢，其上绘有月宫中的景象。也有香斗以线香编成，上面插有纸扎的魁星及彩色旌旗。

上海人的中秋宴以桂花蜜酒佐食。

在中秋节的傍晚，江西吉安的每个村都用稻草烧瓦罐。待瓦罐烧红后，再放醋进去。这时就会有香味飘满全村。在新城，自农历八月十一夜起就悬挂通草灯，直至八月十七止。

安徽婺源（属江西），儿童在中秋节以砖瓦堆起中空宝塔。塔上挂以帐幔匾额等装饰品，又将桌置于塔前，陈设各种敬"塔神"的器具，夜间则内外都点上灯烛。在绩溪，儿童打"中秋炮"，"中秋炮"是指将稻草扎成发辫状，浸湿后再拿起来向石头打击，使之发出巨响；另有游"火龙"的风俗，"火龙"是用稻草扎成的龙，身上插有香火。游"火龙"时有锣鼓队同行，游遍各村后将"火龙"抛至河中。

四川人过中秋节除了吃月饼外，还打粑粑、杀鸭子、吃麻饼和蜜饼等。有的地方也点橘灯，悬于门口，以示庆祝；也有儿童在柚子上插满香，沿街舞动，称为"舞流星香球"。

山东庆云的农村在八月十五祭土谷神，称为"青苗社"。诸城、临沂、即墨等地除了祭月外，还上坟祭祖。古时，冠县、莱阳、广饶、邮城等地的地主在中秋节宴请佃户。即墨人在中秋节吃一种应节食品，叫"麦箭"。

山西潞安人在中秋节宴请女婿。大同人则把月饼称为"团圆饼"，在中秋夜有守夜之俗。

河北万全人称中秋节为"小元旦"，曾在月光纸上绘制太阴星君及关帝夜阅春秋像。河间人认为中秋雨为苦雨，若中秋节下雨，则当地人认为青菜必定味道不佳。

陕西西乡，男子在中秋夜泛舟登崖，女子安排佳宴，不论贫富，必食西瓜。另外，有吹鼓

手沿门吹鼓，讨赏钱。

由此可见，一些地方形成了很多特殊的中秋习俗。除了赏月、祭月、吃月饼外，还有香港的"舞火龙"、安徽的"堆宝塔"、广州的"树中秋"、晋江的"烧塔仔"、苏州的"石湖串月"等。

### 4．重阳节食俗

重阳节又称"重九节"，人们在此日有登高的习俗。传说登高可以避祸，而不能登高或不想登高的人，就在家中吃糕，因"糕"与"高"同音，因而扬州又有吃重阳糕的习俗。重阳糕是一种特制的米粉糖糕，由茶食店供应，呈方块状，考究些的要做九层，形似小宝塔，含重九登高之意，有的还要做两只面羊，象征"重阳"。卖重阳糕时，附赠重阳旗。重阳旗是用彩色纸做的小三角旗，其上戳有许多小孔，有的还印有文字或花的图案，用一根细篾做旗杆，插在糕上。

晚上，家家喝重阳酒。时令食品是螃蟹。淮扬地区盛产螃蟹，此时已膏脂饱满，正是品尝的好季节。因此，把酒、持螯、赏菊是文人们在重阳节的一大乐事。过去在重阳节这一天，商店及手工作坊老板都要设酒席宴请伙计与劳工，因为过了重阳节，便要忙碌起来，要求夜间开工了，即俗话"吃了重阳酒，夜活带劲揪"。

# 第二节　人生礼仪食俗

### "催生"之俗

《梦粱录》云："杭城人家育子，如孕妇入月，期将届，外舅姑家以银盆或彩盆，盛栗秆一束，上以锦或纸盖之，上簇花朵、通草、贴套、五男二女意思，及眠羊卧鹿，并以彩画鸭蛋一百二十枚、膳食、羊、生枣、栗果及孩儿绣彩衣，送至婿家，名'催生礼'。"湘西坝子的习俗是妈妈给女儿做一顿饭，二至五道食肴，分别称为"二龙戏珠""三阳开泰""四时平安""五子登科"，食肴必须一次吃完，意谓"早生""顺生"。浙江的习俗是送喜蛋、桂圆、大枣和红漆筷，内含"早生贵子"之意。

**【想一想】**

你知道哪些人生礼仪食俗？

## 一、婚礼食俗

由于各地区、各民族婚制与婚俗不同，其食俗也是百花齐放、异彩纷呈。例如，绍兴人嫁女儿要喝埋藏十多年的"女儿红"酒；陕西关中农村请女婿吃头锅原汤的"卤水面"；东北的婚宴讲究"四大件"（扣肉、四喜丸子、红烧鱼、红扒鸡）；武汉的婚宴讲究"四全"（鸡、鸭、鱼、猪大腿）和"四喜"（四道喜庆花点）；岭南的婚宴则爱用"龙凤呈祥""山盟海誓""莲合甜露""枣子肥鸡"等菜名，以兆吉祥。

我国地大物博，各地的婚礼食品在寄托美好、祥和寓意的同时，又各有自己的一套风俗，可谓"五光十色而又别具一格"。

**1. 北京——不熟的饺子**

旧时，京西居民结婚前一天，女方要请"全福人"用送来的东西做饺子和长寿面。结婚当天，新娘下轿后要吃子孙饽饽、长寿面。入洞房后，新郎和新娘同坐，并由"全福人"喂没煮熟的饺子，边喂边问："生不生？"新娘一定要回答"生"，寓意"早立子"。

**2. 闽台——"三茶六礼"**

我国以茶待客的礼仪源远流长，茶文化渗透到婚礼之中并形成趣俗的当推闽南和台湾地区，其婚姻礼仪总称为"三茶六礼"。"三茶"即订婚时的"下茶"、结婚时的"定茶"、洞房合欢时的"合茶"。"六礼"指从订婚到结婚的"纳彩""问名""纳吉""纳征""请期""亲迎"六个程序。在当地，茶树是"缔结同心，至死不渝"的象征。

**3. 湘楚——无蛋不成婚**

在湘楚大地的农村，保留着一种古老而有趣的风俗，即整个婚事都离不开鸡蛋。订婚时，男方和媒人到女方家敲定婚期，女方要以蛋招待，每人每碗四个鸡蛋。婚礼当天，去女方家接亲的亲属和媒人，一律要吃蛋启程，寓意兴旺发达，常来常往。新娘接来后，女方送亲人员在男方家又要吃一碗煮鸡蛋，个数逢双，要么两个，要么四个。新郎、新娘每人一碗鸡蛋加鸡腿，预祝新婚夫妇"白头偕老，幸福美满"。

**4. 陕北子洲——定亲果馅、催妆馍和离母糕**

**（1）定亲果馅**

男女订婚时，男方一定要送果馅，早先一般是16个或24个，现在最少是32个或48个，甚至更多。女方收到定亲果馅后，会如婚礼通知一样，馈赠给亲朋好友。果馅是子洲地方小吃，是用白精粉、清油和枣泥包成的烤圆饼，其色金黄，中心点有红色，上口酥甜。当地人爱把姑娘比喻成"花果馅"。

**（2）催妆馍**

催妆馍用白麦面做成，比普通馍大而白，每个在两斤左右，共十个，表示新娘的母亲十月怀胎，新郎不忘岳母生女之恩。女方收到催妆馍后，就要送女儿出嫁，并将催妆馍分送给亲友品尝，以示男方家中富有、大方，女儿嫁过去不会受苦。在做催妆馍的同时，还要另蒸四个大白馍，其中两个送公婆吃，叫顺心馍，另外两个给新郎、新娘吃，叫同心馍。同心馍的做法很讲究，馍上要绘有弯弯曲曲的蛇和栩栩如生的兔，以求"若要富，蛇盘兔"的吉利。

**（3）离母糕**

离母糕是长方形的甜糕，约二尺长，一尺宽，一寸厚，四角和中心各放一颗大红枣。两块糕一般有十斤重。新婚第二天，新郎陪新娘回门时，男方将其送给新娘母亲，"糕"谐音"高"，意取母女高高兴兴。

现今置办婚宴，有几点必须注意：①全席菜品应是双数（如8、10、18、20、28），如"六六大顺席""八八大发席""十全十美席"之类，但要避免铺张浪费。②菜品多用吉语，如"鸳鸯戏水"（双鲫鱼氽汤）、"早生贵子"（红枣、莲子、花生、桂圆羹）、"鹊渡银桥"（鹌鹑丝炒绿豆芽）、"凤入罗帐"（网油烤鸡）之类，烘托喜庆气氛，寄寓良好祝愿。③餐具宜选用红色、金色圆盘和圆碗，用红桌布和红筷子，配红色果酒；忌讳摔破餐具、茶具或酒具。④果品宜上干果，如核桃、花生、桂圆、红枣等，这些都是结婚的吉庆食品，不可上梨（与"离"同音），橘子必须一瓣一瓣分开。

## 二、诞生礼食俗

诞生礼又称"人生开端礼"或"童礼"，指从求子、保胎到临产、三朝、满月、百禄，再到周岁的整个阶段内的一系列仪礼。诞生礼起源于古代的"生命轮回说"，中国古代重生轻死，因此把人的诞生视为人生的第一大礼，以各种不同的仪礼来庆祝，由此形成了许多特殊的饮食习俗。

1. 求子食俗
（1）向神求子
新郎、新娘要祭拜主管生育的观音菩萨、碧霞元君等，供上"三牲福礼"，并给神祇"披红挂匾"。
（2）送食求子
新娘要吃亲人或特殊人物送来的喜蛋、瓜、莴苣、子母芋头之类，据说多吃这类食品，便可受孕。
（3）送物求子
亲朋好友要给新婚人家送求子的礼物，包括灯、砖、泥娃娃、麒麟盆等，相传这些都是得子的征兆。麒麟送子盆如图6-4所示。

图 6-4　麒麟送子盆

（4）答谢送子者
答谢送子者的方式很多，如广州、贵州和皖南的"偷瓜送子"，四川一带的"抢童子""送春牛"和"打地洞"，鄂西和湘西的"吃伢崽粑""喝阴阳水"等。

2. 保胎食俗
对于孕妇，古人是食养与胎教并重。
在食养方面，强调"酸儿辣女""一人吃两人饭"，重视荤汤、油饭、青菜与水果，忌讳兔肉（生子会豁唇）、生姜（生子会六指）、麻雀（生子会淫乱），以及一切凶猛丑恶之物（生子会残暴）。
在胎教方面，要求孕妇行坐端正，多听美言，有人为她诵读诗书，演奏礼乐。同时不可四处胡乱走动，不可与人争吵斗气，不可从事繁重劳动，并要节制房事。

3. 育婴食俗
（1）三朝
姥姥送喜蛋、"十全果"、挂面、香饼，并用香汤给婴儿"洗三"，念诵"长流水，水流长，

聪明伶俐好儿郎""先洗头，做王侯；后洗沟，做知州"之类的喜歌。

（2）满月

生父携糖饼请长者为孩子起名（称为"命名礼"），用供品酬谢剃头匠（称为"剃头礼"），而后小儿与亲友见面，设宴祝贺。亲朋赠送"长命锁"，婴儿要例行"认舅礼"。

（3）百禄

百禄是祝婴儿长寿的仪式。贺礼必须以百计数，鸡蛋、烧饼、礼馍、挂面均可，体现"百禄""百福"之意。

（4）周岁

周岁又称"试儿""抓周"，是在周岁之时预测小儿的性情、志趣、前途与职业的民间纪念庆祝仪式。届时亲朋都要带着贺礼前来观看、祝福，主人设宴招待。这种宴席上菜重十，配以长寿面，菜名多取"长命百岁""富贵康宁"之意，要求吉庆、风光。周岁席后诞生礼结束。

## 三、寿庆食俗

五十岁、六十岁、七十岁、八十岁及以上，通称"寿庆"，俗称"做寿"。民俗有"男不做十，女不做九"。因"十"与"死"发音相似，为避讳往往会提前一年做寿，俗称"做九头"。若父母同庚而合做寿，俗称"双庆"。

我国的寿庆礼多是为老人举办的，仪典隆重。寿席的菜品应努力遵循老年人的饮食保健原则，突出"三低二高"（低糖、低盐、低脂肪，高蛋白、高纤维素）。烩菜与汤菜的比重略大，烹制上力求软烂，下酒菜适当减少。需配寿桃、寿面、云吞、冰糖、白果、松子、红枣、佛手等应景果点，选用"瑶池赴会""松鹤延年"（见图6-5）"八仙过海"（见图6-6）"麻姑献寿"等祥和的菜名，全席最好采取"九冷九热"的格局，体现"九九（久久）上寿"之寓意。至于鱼菜，一般不宜多上，否则容易使老人产生"多余"的联想；"西瓜盅""冬瓜盅"之类更是犯忌，因为"盅"与"终"谐音。此外，古时对于体弱多病的老人，儿女还有"借寿"之举，提前举办寿席。此类席面，多是拜寿与贺寿合一，气氛热烈，避讳也多。

图6-5　松鹤延年图　　　　　　　　　图6-6　八仙过海图

### 1. 古代寿庆食俗

古代的寿庆活动十分隆重，可提前举办，以当年为限。但生日一过，即使是当年，也不能举行寿庆活动。寿庆的主要程序有以下几个。

（1）走马面

大厅当中铺设寿堂，别室花厅等处摆设面碟，邀请亲朋吃面，称为"走马面"。

（2）桃觞

寿筵的当天，称为"桃觞"，由儿子负责。

（3）暖寿

正寿的前一天，谓之"暖寿"，由出嫁的女儿负责。

2．现代寿庆食俗

现今，做寿以家庭、亲戚为主，大多是女婿、儿子为长辈做寿。一般中午吃寿面，晚上设便宴，寿礼为寿蛋糕，以及酒类、滋补营养品等。

受欧美风气影响，庆祝生日成为一种时尚。通常都是买一盒生日蛋糕，插上生日蜡烛，关闭电灯，然后由过生日者吹灭燃烛。蜡烛的数目与过生日者的岁数相等，多少岁就插多少支，也可以以一支当十支。前来祝贺的家人、朋友、同事、同学齐唱《生日歌》，歌毕，过生日者吹烛，并切蛋糕给大家分食。除了分食生日蛋糕外，很多家庭会在吃蛋糕之前先办几桌酒席。吃完蛋糕后再举行歌舞会，尽情欢乐一番。

## 四、丧事食俗

在我国，不同的民族、不同的地区，丧事食俗不尽相同。下面仅以部分汉族地区的丧事食俗为例进行简要介绍。

在农村，家中一旦有人去世，主要食俗程序如下。

第一天开吊。亲戚朋友们得知消息后纷纷送来钱财、挽联等表示哀悼。如果是岳父去世，女婿来时须送一个猪头（较富有的则送一头杀好的猪和一只羊），将猪头或全猪、全羊敬献在棺材前的供桌上。敬献片刻后，让人送到厨房中去做菜，一般做六个菜，比较简单，凡是请来的客人都吃。

第二天上祭。亲属专设"八大碗"款待来客。

第三天出殡。吃过早餐后，开始送葬。在停尸期间，人们须在棺材前头的空处放一个碗，内装米饭，饭上放一个鸡蛋，称为"倒头饭"。出殡时则将"倒头饭"和碗一起摔掉。出殡回来之后，死者亲属须泡红糖茶招待客人。下午一般要做十二个菜，称为"八盘四"。"八盘"中有四盘凉菜，如凉白肉、凉鸡、松花蛋等；另有四盘热菜，如炒肉片、炒猪肝等。"四"则多是汤菜，如清汤鸡、红烧丸子、煮酥肉等，再加一个甜食，如八宝饭或银耳汤。

出殡后的第三天，死者亲属须"复山"，即整理坟墓，并将前几天剩余的饭菜带到坟前吃。

 **课后作业**

一、填空题

1．汉族主食的两大类型是_____和_____。

2．汉族主要的两大饮料是_____和_____。

3．湖北东部地区的"三蒸"是_____、_____、_____。

4．我国江汉平原每逢端午节时，除食粽子外，还必食_____。

5．闽南和台湾地区的婚姻礼仪总称为"三茶六礼"。"三茶"即_____、_____、_____。

二、简答题

1．汉族的菜肴特点有哪些？

2．什么是诞生礼？它包括哪些特殊的饮食习俗？

3．育婴食俗有哪些？

4．古代寿庆食俗的主要程序有哪些？

三、简述题

汉族过春节时，年夜饭尤为讲究。请说说有哪些方面是不可忽视的。

四、实训题

1．请通过走访酒店，收集一份本地的婚宴菜单。

2．请通过走访酒店，收集一份本地的寿席菜单。

五、能力拓展题

各地的饮食食俗和各地的历史文化有关系吗？请举例说明。

# 第七章　饮食文化与旅游

　　"民以食为天"。饮食文化是中国文化体系中一个不可或缺的重要组成部分,它不仅可饱口福,更包含着美学、养生学、文学等极其丰富的传统文化内容,使国内外旅游者为之倾倒,为之赞叹。从中国旅游业初创起,中华美食就一直是整个活动中的重要节目,饮食创收在整个旅游业收入中所占的比重呈上升趋势。在有关部门的协同努力下,饮食旅游逐渐成为一个独具特色的旅游类型。

　　饮食文化旅游是将饮食文化与旅游活动相结合,以品尝美食、了解饮食文化为主要内容,以游览自然景观与人文景观为辅的特色旅游。

## 第一节　中国饮食名人与名菜

### 天津小吃——"狗不理"包子

　　名扬四海的天津小吃"三绝"之首——"狗不理"包子,迄今已有百余年历史。清代晚期,天津侯家后面的南运河边摆起了一个卖包子的小摊。摊主叫高贵友,小名"狗子",自幼学制蒸食。他卖包子时买的人很多,人们叫他,他顾不上回答,便被称为"狗不理"。加之他的包子用独特方法制作,外形美观、有嚼劲、满口香,"狗不理"三个字也不胫而走。戊戌变法前后,直隶总督袁世凯曾把"狗不理"包子作为贡品献给慈禧太后,慈禧太后品尝了包子后凤颜大悦,夸赞曰:"山中走兽云中雁,腹地牛羊海底鲜,不及狗不理包子香矣,食之长寿也。"从此"狗不理"包子名声大振,驰名全国。人们一提起天津,十有八九的人会毫不犹豫地想起"狗不理"包子。这是一块金字大招牌,南来北往、走东串西之客,要是有机会路过天津,就一定要吃一顿"狗不理"包子。

【想一想】

"狗不理"包子只不过是天津的一种小吃，为什么提到天津，人们就会想到"狗不理"包子？而且有机会路过，就一定要吃一顿"狗不理"包子呢？

中国是一个有着5 000多年悠久历史文化沉淀的古国，在饮食方面也有着自己辉煌灿烂的文明。从古至今，勤劳的中国人创造了无数的美食佳肴，同时许多文化名人、美食家对饮食烹饪评价的贡献也功不可没，是他们共同铸造了绚丽的中国饮食文化。

## 一、中国饮食神话人物

### 1. 灶神

灶神，俗称"灶君""灶君公""司命真君""九天东厨司命主""香厨妙供天尊"或"灶王"，北方称之为"灶王爷"。灶神的崇拜应源于人类发现和利用火来驱兽、煮食。但到称为灶神时，应在家庭形成后，或已经筑灶煮食之时。

民间流传，灶神是玉皇大帝派遣到人间考察一家善恶的官。灶神左右随侍两神，一神捧"善罐"、另一神捧"恶罐"，随时将一家人的行为记录下来并保存于罐中，年终时总计之后再向玉皇大帝报告。农历十二月廿四这一天，灶神离开人间，上天向玉皇大帝禀报一家人这一年来的所作所为，又称"辞灶"，所以家家户户都要"送灶神"。

中国民间百姓大部分会选择农历十二月廿三谢灶，希望有贵气，取其意头。送灶神的供品一般都用一些又黏又甜的东西，如糖瓜、汤圆、麦芽糖、猪血糕等，总之，用这些又黏又甜的东西，目的是让灶神回去多说些好话，所谓"吃甜甜，说好话"，难开口说坏话。因此，祭灶神象征着祈求降福免灾。

### 2. 谷神

谷神即后稷，姓姬，名弃，是黄帝的玄孙，帝喾的嫡长子。后稷的母亲名叫姜原，是帝喾之元妃。

传说有一日，姜原在郊外游玩，看见一个巨人足印，其大小远胜常人，疑惑之时，顿觉一股暖流在气海泉涌，冲击遍身穴位，竟有说不出的畅快和舒坦，并莫名地产生踩踏这个巨大足印的强烈欲望。她将她的脚套在巨人足印的大拇指上，俄顷，就感到腹中微动，好似胎儿在动。她又惊又怕，却毫无办法，十个月后产下一子，姜原以为儿子是妖，就把他抛入隘巷，可一连串奇怪的现象发生了。起先是隘巷中的过往牛马都自觉避开，绝不踩到婴儿身上。后来姜原派人把他丢到山林中去，可正巧碰上山中人多没丢成。最后将婴儿抛到冰上，又忽然飞来一只大鸟，用自己丰满的羽翼把婴儿盖住，以防婴儿冻僵。姜原得知后，以为这是神的指示，便将婴儿抱回，精心抚养。因最初要抛弃他，所以给他起名叫"弃"。

后稷为儿童时，好种树麻、菽。成人后，相地之宜，善谷物稼穑，教民耕种稼穑之术。尧舜时，后稷为司农之神。后稷善于种植各种粮食作物，被认为是开始种稷和麦的人。他是第一个建立粮食储备库和畎亩法的人，放粮救济，赐百姓种子，被认为是禹最倚重的三公之一。

### 3. 厨神

厨神彭祖是中国上古传说中的人物，因为善于调制味道鲜美的野鸡汤，献给尧帝食用，受封于大彭（今江苏徐州）。中国爱国主义诗人屈原在《楚辞·天问》中写道："彭铿斟雉，帝何飨？

受寿永多，夫何久长？"汉代楚辞专家王逸注曰："彭铿，彭祖也。好和滋味，善斟雉羹，能事帝尧，帝尧美而飨食之也。"宋代洪兴祖补注曰："彭祖姓钱名铿，帝颛顼玄孙，善养气，能调鼎，进雉羹于尧，封于彭城。"

相传在尧帝时期，中原地区洪水泛滥成灾。《孟子·滕文公上》记："当尧之时，天下犹未平，洪水横流，泛滥于天下。"《史记·夏本纪》又说："当帝尧之时，鸿水滔天，浩浩怀山襄陵，下民其忧。"作为当时部落首领的尧帝指挥治水，由于长期心系部落和部众安危，尧帝积劳成疾，卧病在床。数天滴水未进，生命垂危。就在这危急关头，彭祖根据自己的养生之道，立刻下厨做了一道野鸡汤。汤还没端到跟前，尧帝远远闻见香味，竟然翻身跃起，食指大动，随后一饮而尽，次日容光焕发。此后尧帝每日必食此鸡汤，虽日理万机，却百病不生，一时传为美谈并流传下来。

彭祖的"雉羹之道"逐步发展成"烹饪之道"。"雉羹"是我国典籍中记载最早的名馔，被誉为"天下第一羹"。《中国烹饪史略》中称彭祖"是我国第一位著名的职业厨师"，而且是"寿命最长的厨师"，被尊称为厨师行业的祖师爷。

### 4. 酒神

中国公认的酒神有两个，分别是仪狄和杜康。

史籍中有多处"仪狄作酒而美""始作酒醪"的记载，似乎仪狄乃制酒之始祖。醪，指糯米经过发酵而成的醪糟，性温软，味甜，多产于江浙一带。现在不少家庭仍自制醪糟。醪糟洁白细腻，稠状的糟糊可当主食，上面的清亮汁液颇近于酒。

杜康，《史记》记载他是夏朝的国君。《说文解字》记载："杜康始作秫酒。又名少康，夏朝国君，道家名人。"有一种说法是"仪狄作酒醪，杜康作秫酒"。似乎是讲他们造的是不同的酒。秫是高粱的别称。"杜康作秫酒"指的是杜康造酒所使用的原料是高粱。

如果硬要将仪狄或杜康确定为酒的创始人，只能说仪狄是黄酒的创始人，而杜康是高粱酒的创始人。

中国没有酒神崇拜，可能与历代皇帝禁酒有关。自夏以后，直至明清，都有禁酒令。夏桀因"为酒池糟堤，纵靡靡之乐，一鼓而牛饮者三千人"，造成不理朝政，被商汤放逐，直至亡国。600年之后，商纣王比夏桀有过之而无不及，酒池肉林，朝纲不整，结果商又被西周取代。鉴于历史的教训，西周统治者一上台就竭力推行禁酒政策，颁布了长达672字的禁酒诰文（见《尚书·酒诰》），这就是中国历史上第一个禁酒令。《秦律》也规定："百姓居田舍者，毋敢（酤）酉（酒），田啬夫、部佐谨禁御之，有不从令者有罪。"北魏文成帝禁酒更为严厉："酿、沽、饮皆斩之。"历代统治者为了禁酒，不是"捕之""杀之"，便是"有罪""斩之"，在这样的历史条件下，谁还去管酒神是个什么模样。

### 5. 茶神

陆羽（733—804年），字鸿渐，复州竟陵（今湖北天门）人，一名疾，字季疵，号竟陵子、桑苎翁、东冈子，又号"茶山御史"，是唐代著名茶学家，被誉为"茶仙"，尊为"茶圣"，祀为"茶神"。

陆羽一生嗜茶，精于茶道，以著世界第一部茶叶专著《茶经》而闻名于世。他也很善于写诗，但其诗作目前世上存留的并不多。他对茶叶有浓厚的兴趣，长期进行调查研究，熟悉茶树栽培、育种和加工技术，并擅长品茗。

唐上元初年（公元760年），陆羽隐居苕溪（今浙江湖州），撰《茶经》三卷，成为世界上第一部茶学专著。他开启了一个茶的时代，为世界茶业发展做出了卓越贡献。

## 二、中国饮食文化名人

中国饮食文化源远流长，古往今来，流传着不少文化名人与著名菜肴之间的故事，名人趣事使得具有地方特色的菜肴声名远播。在中国菜肴精品中，有相当一部分就是因为这种历史的沉淀，又经过历代文人的渲染修饰才名声大噪。在中国历史上出现了无数懂吃、会吃的文化名人，他们或提出自己的饮食主张，或记述、赞美和品评各地的物产、菜品等，对饮食文化的发展做出了重要的贡献。

### 1. 孔子

孔子（公元前551—公元前479年），名丘，字仲尼，鲁国陬邑（今山东曲阜）人，祖籍宋国栗邑（今河南夏邑），中国古代思想家、教育家，儒家学派创始人。

孔子很早就提出了饮食卫生、饮食礼仪等内容。他倡导的饮食观对后世影响深远，如"食不厌精、脍不厌细"的意思是食物原料要选择优质的，肉要切得细细的，做饭菜应该讲究选料、刀工和烹饪方法，饮食是不嫌精细的。"割不正不食，席不正不坐"的意思是割肉时不合长度，食物形态被破坏了，所以不吃；如果席子摆得歪歪斜斜，有损于饮食的形制，那就不能入席了。

### 2. 苏轼

苏轼（1037—1101年），汉族人，字子瞻、和仲，号铁冠道人、东坡居士，世称苏东坡、苏仙，眉州眉山（今四川眉山）人，祖籍河北栾城，北宋著名文学家、书法家、画家。

苏轼又是个美食家，宋人笔记小说有许多苏轼发明美食的记载。1079年，苏轼被贬谪到黄州（今湖北黄冈），做了"团练副使"这样一个挂名小官，其实质是流放。宋代时猪肉比较便宜，当时的人们都不喜欢吃，苏轼觉得要将猪肉推广，于是研究猪肉的吃法，有一次苏轼和友人下棋，忘记了猪肉炖在锅中，结果歪打正着，猪肉非常美味。"黄州好猪肉，价贱如泥土；富者不肯吃，贫者不解煮。""火候足时它自美。"这就是东坡肉的由来。

在苏轼流传下来的诗文中，不仅对猪肉的独特烹制有记载，而且对各种蔬菜的做法也多有记载。例如他写过三种菜：一是蔓菁，又称"芜菁"，可以鲜食或盐腌；二是香荠，就是荠菜，荠菜蒸白鱼；三是青蒿，又称"香蒿"，可以入药，与面制成青蒿凉饼，香滑可口。苏轼曾写过东坡豆苗，把豆苗的嫩叶择洗干净，用香油炒熟，放盐、酱、橙皮、姜和葱花，便是下酒的好菜。其美食有一个显著的特点，即用料不高级，加工不烦琐，粗中见细，化俗为雅。再加上苏轼精美的诗文，更是增添情趣。

### 3. 袁枚

袁枚（1716—1798年），字子才，号简斋，晚年自号仓山居士、随园主人、随园老人，钱塘（今浙江杭州）人，祖籍浙江慈溪，清乾嘉时期代表诗人、散文家、文学批评家和美食家。

袁枚有中国古代"食圣"之誉。在中国饮食文化史上，全面、系统而深入地探讨中国烹饪的技术理论问题应该是从袁枚开始的。其《随园食单》在中国古代饮食著述史上，集经验、理论之大成而又影响卓著，是中国历史上当之无愧的饮食圣经，代表了中国传统食学发展的高水准，是一本划时代的烹饪典籍。《随园食单》从烹饪技术理论出发，从采办加工到烹调装盘及菜品用

器等，都有详尽的论述，并对当时国内很多地区的美食进行点评鉴赏。

《随园食单》的内容可以分为两大部分，第一部分是基础理论，包括须知单和戒单，这部分内容重点体现了作者的食馔审美思想；第二部分是菜谱，包括海鲜单、江鲜单、特牲单、杂牲单等十二个方面，但没有一般菜谱的枯燥与流水线化，而是写得滋味盎然。

### 三、名人与名菜

中国饮食文化是传统文化的一个重要组成部分，中国的名人尤其是当权者和文学家往往又是美食家，这就注定了许多名菜都与名人有关。

如今很多经典名菜，背后往往有一个名人的经典故事。菜随人香，人因菜传，这是饮食文化中的佳话美谈，更重要的是，它对烹饪技术的提高也有促进作用。这些名菜的原始形态未必是十分精美考究的，只因为与名人挂上了钩，名气越来越大，引起各地厨师仿制、研究、改进、加工，才使名菜精益求精，更加完美。

## 第二节　饮食文化旅游活动

典故导入

### 百 鱼 宴

百鱼宴（见图7-1）因以鱼类水产品为主要原料，运用多种刀工，通过炸、熘、爆、炒、煎、蒸、烩等多种烹制方法做成500多道宴席菜肴而得名。国内权威人士称它是中华"烹饪一绝"。

图7-1　百鱼宴

相传在我国春秋战国时代，孟尝君养谋士3 000名，其中一名叫冯谖的谋士受到冷落，每到吃饭时就弹着长剑发牢骚："长铗归来乎，食无鱼。"意思是吃饭连鱼都没有，还是离开这里吧。在我国民间，也有"正月鲫，二月鳊，卖田卖地也要尝"的谚语。可见，无论是高官还是百姓，都对吃鱼十分重视和向往。

百鱼宴是1979年由浙江湖州饭店的吴水宝、周顺林、陈文学、朱士宝、杨鑫龙、吴金根、朱卫宜等一批特级厨师集体创制的。它博采众长，吸收我国川、粤、京、徽等各大菜系之精华，形成独具特色的鱼菜风格。

【想一想】

在旅游活动中安排一次百鱼宴，会对本次旅游活动起到什么效果？

旅游的六要素是吃、住、行、游、购、娱，这是按照人们从低级到高级的需求来进行排序的。从这个排序中可以清楚地看出，吃是旅游产品开发中的基础环节。随着人们生活水平的提高，人们对旅游过程中的健康和享受有了更高的要求，对旅游餐饮更是从"吃饱"的要求升级到了"吃好"的标准。在此情况下，旅行社加大了对旅游餐饮的重视程度。随着人们对旅游餐饮的日趋重视，一种新型的旅游产品出现在大众面前——饮食文化旅游。饮食文化旅游是指以享受特色美食、体验独特美食文化为目的，到异地寻求审美和愉快经历的旅游活动。饮食是当地文化的一种载体，旅游者希望可以通过品尝当地人的美食来更好地体验当地文化，感受当地人独特的生活方式，从而使自己得到真实的旅游体验。

## 一、饮食文化旅游活动的类型

目前来看，以饮食文化为主线的旅游活动可分为以下四类。

### 1．以各具特色的著名菜系为主题的旅游活动

受地理环境和传统习惯的影响，各地经过一代又一代名厨的整理、传承和发展，形成了风味各异的著名菜系。鲁、川、苏、粤、浙、湘、闽、徽八大菜系历史悠久，闻名于世。实际上我国的著名菜系远不止这几种，而且各大菜系中往往又包括许多支系。近年来，各大菜系在保持传统风味的基础上，又有了新的创新，使素以色、香、味、形、意俱全著称的美味大家庭又增添了许多具有时代特色的新成员。如此丰富的内容，使饮食文化旅游从一开始就具有较高的水平。除了品尝、参与操作外，以学习为目的的烹调培训旅游使参与者有可能在旅游结束时得到一张盖着大印的培训合格证书；以研习中华美食文化源流为主题的旅游活动重在考察各大菜系中各种名菜的来历和发展脉络，具有浓厚的文化气息，受到海外华侨、港澳同胞，特别是抱着寻根认祖归宗的目的而来的华裔旅游人士的欢迎。

### 2．以酒文化为主题的旅游活动

早在中国文明发端之初，酿酒业就已出现，漫漫历史使中国的佳酿更加香醇，也造就了中国独特的酒文化，成为中华美食的一个重要分支。近年来一些著名的酿酒基地已不满足于造酒、卖酒，而是以酒为招牌，吸引着来自各地的旅游者，将旅游活动的内容从开始的品尝、酿造工艺的展示，发展到对传统文化的挖掘、对民俗民风的学习等各个方面，并对从酿造到品酒各个环节的风俗进行了挖掘和整理，使之走出单纯的制造及吃喝的局限，成为一幅民俗风情画卷。

如果说上述活动的重点是参观酿酒基地，那么饮酒活动就更能展示各地丰富的酒文化内涵。我国的许多人善饮，特别是在喜庆节日，酒更是少不了的助兴之物。各地区、各民族的饮酒习惯和方法不尽相同，从中可以体现出不同的性格特征和风尚。例如，生活在高寒山区、青藏高原的人们，喝起酒来就如同他们的性格一样豪爽，面对一大碗烈酒，手一扬，口一张，立时见底，如果来访的客人也同样善饮，他们更会喜悦万分；而生活在黄土高原的人们，则喜欢将酒装入小瓶，放在热水中加温后再酌入小杯，就着花生米、豆腐干细细品尝，洋溢出一种勤俭而又善于享受生活的气息。至于那酒歌、酒舞、迎亲酒、敬酒、罚酒等风俗，更是说不尽、道不完。另外，与造酒和饮酒有关的酒具制造文化也丰富多彩、美轮美奂，使得酒具成为不少旅游者心爱的收

藏品。

**3．以茶文化为主题的旅游活动**

中国是茶的故乡。茶文化已成为中华传统文化的一个重要组成部分，到中国旅游的海外旅游者处处都能感受到茶文化的影响。

如果说种茶、制茶更多反映的是一种农艺活动，那么茶文化的精髓就是饮茶方式和与之相关的风俗习惯了。我国粤闽的许多地区都有喝功夫茶的风俗，客人光临时，主人便拿出精致的茶具，先在茶壶中放上满满的一壶茶叶，再倒入新烧的开水，闷上两个小时，酌入摆在茶盘内的茶杯中，茶汁浓郁，醇香扑鼻，主客端起茶杯一饮而尽，初觉苦涩，进而回味无穷，浑身通泰。

饮茶绝不仅限于"饮"，北京茶馆的"听说书"、四川茶馆的"摆龙门阵"、广东喝茶"谈生意经"等，五花八门，异彩纷呈。正因为这样，茶文化才成为吸引旅游者的文化景观。

近年来，"借茶文化办旅游，以茶助旅游发展"已成为有关部门的共识，一批以茶文化为主题的景点和旅游线路相继形成。2019年7月10日至12日，由湖北省文化和旅游厅组织的"湖北茶文化旅游·万里茶道寻迹之旅"调研活动深入湖北天门和恩施地区，探索茶旅融合发展新契机。

**4．以风味小吃文化为主题的旅游活动**

如果说中国著名的菜系和酒文化、茶文化是中国饮食文化的几面旗帜，那么遍布全国的风味小吃就是一个无穷无尽的宝库了。与菜系相比，各地的风味小吃更具地方特色和民族特点，带有更浓厚的乡土气息和平民气息，因此，也就更具有特殊的吸引力。

素有"天府之国"美称的四川物产丰富，除了扬名中外的川菜，更有众多的小吃，如成都的担担面、三合泥等令旅游者垂涎欲滴，而大嗓门的川腔更给"麻辣"增添了魅力。川味川腔已成为"天府之国"的一大人文景观。

地处北方黄土高原的人们以吃面食为主，其风味小吃与南方迥然不同。把一团面团顶在头上，手执快刀"唰唰"切下片片薄薄的面片，似雪花般飘入锅中——刀削面，犹如一场精彩的杂技表演；而把一团面几经拉扯就变成绵长均匀的细长条——拉面，就如一次高超的手工艺表演。

值得一提的是，为克服走一地只品尝一种风味小吃的不足，许多中心城市建立了规模不等的美食街、风味城等，集各地区、各民族的风味于一处，使旅游者无须天下游，便能尝到天下味。

饮食文化是一个广泛的概念，人们吃什么，怎么吃，吃的目的，吃的效果，吃的观念，吃的情趣，吃的礼仪，都属于饮食文化范畴。人们对物质的需求是有限的，而对文化的需求却是无限的。开发旅游产品时，应注重挖掘中国菜深厚的饮食文化内涵，在突出饮食的文化特色上下功夫，结合中国菜独特的地域、文化特点，加大整理力度，包装好饮食的文化背景、历史渊源、典故等资料，提高饮食产品的文化含量，力求使旅游者实现以吃为方式、以精神享受为目的的旅游体验，使饮食文化与旅游文化达到更深层次的结合。

中华民族食文化的源远流长为旅游增添了无穷的魅力。其实，就饮食来说，其本身就是一种丰富的旅游资源，完全可以独树一帜、大力开发。拥有得天独厚的饮食资源和优势的地方有很多，如杭州、绍兴、宁波、西安、南京、上海、重庆、成都、武汉等。其中，杭州的西湖醋鱼、东坡肉早已驰名中外；宁波的冰糖甲鱼、锅烧鳗等名菜也闻名遐迩；西安的饺子宴作为华夏一绝也已成为西安旅游中的"拳头产品"；还有南京盐水鸭、北京烤鸭、重庆火锅、成都小吃……可以说是气象万千。至于新疆、内蒙古、广西、云南等地，也都有各具特色的食文化，

如新疆、内蒙古的烤羊肉、羊肉串，就香得令人垂涎欲滴。可见，华夏丰富多彩的食文化完全可以成为旅游的一个重要分支，成为旅游中的"拳头产品"和"名牌"。

## 二、饮食文化旅游产品的开发现状

我国饮食文化旅游尚处于起步阶段，其开发经历了三个层次：风味美食游、药膳保健游、饮食文化游。现阶段，很多饮食文化旅游产品的开发存在以下七个方面的问题。

### 1. 重游览，轻饮食

《2018中国旅游美食消费力白皮书》显示，全球旅游经济高速增长，作为推动旅游业发展的突出地区，2017年亚洲地区的旅游总收入达1.74万亿美元；中国是亚洲地区旅游消费力最高的国家，在全球旅游总收入榜单中排名第二，仅次于美国。旅游业的快速发展，正在推动中国旅游餐饮的发展。国家统计局的数据显示，2017年全国餐饮收入达4万亿元，同比增长10.7%；在各省区餐饮收入排行中，广东以3 496.6亿元排名第一，其次是山东、江苏；从餐饮收入增长率来看，湖北的餐饮收入增长率最高，达14.9%，小龙虾餐饮收入的快速增长，持续带动着湖北餐饮市场的增长；在4万亿元的餐饮收入中，旅游餐饮占24%，达0.97万亿元，环比增长12.2%。

从2018—2019年的餐饮资本市场来看，整个2018年，投资的餐饮项目数量越来越少，但金额越来越大。这说明资本开始向优质餐饮企业聚拢。

从餐饮方面的研究内容来看，大多数研究者仅将旅游餐饮消费作为快餐的一种形式而加以探讨，没有专门针对旅游餐饮内容的相关研究。如果仅围绕着快餐而言，则不能全面反映旅游餐饮的实际情况。迄今为止，人们还没有给旅游餐饮建立一个完整的定义。而如果将旅游餐饮定义为旅游过程中消费的饮食内容，那么将包括众多的内容：在高端旅游市场消费的极品餐饮、各具特色的地方风味小吃、地方特色食品、航空公司提供的空中快餐、旅游景点提供的特色小吃，甚至旅行社为提高利润而提供的简单便餐等，不一而足。在众多的旅游者中，有相当一部分希望了解当地的饮食文化习俗，所以在进行旅游产品设计时，应该引入菜肴名品，以满足旅游者的需求。

同时，随着人们收入的稳步增长，旅游中忽视饮食的观念将逐步得到改变。可以预期，"以旅游为主，以饮食为辅"的旅游模式将逐渐随着旅游由观光型向休闲型的升级，而转化为"旅游和饮食并重"的旅游模式。

### 2. 没有充分考虑旅游者在饮食方面的消费和欣赏需求

在旅游路线的设计中充分考虑旅游者在饮食方面的消费和欣赏需求，将成为扩大旅游市场总体规模的一种选择。但目前我国各地将饮食产业和旅游业结合在一起进行研究或开发的并不多见，尤其在旅行社旅游产品的开发中，几乎没有以中国名菜消费为重点的旅游路线。在旅游餐饮产品的开发中，应该将饮食旅游同景点旅游线路一起开发，进行包装设计，使旅游者了解当地的饮食文化、风俗习惯，丰富旅游的内涵，甚至在条件成熟时，在饮食文化资源丰富的地区开展以饮食为主的专项饮食旅游。例如，借名人等开发"享受名人热爱的美食"，借民俗风情等开发以"民族风味菜品尝"为主题的旅游精品路线等。

### 3. 盲目跟风开发，忽视地方特色

很多餐厅盲目地追求多、杂、全，必然导致口味不地道，使旅游资源无形中被转移和破坏。

由于很多餐厅仿照烹制，难以把握原汁原味，使各大菜系之间串味，失去了原来的风味特色，失去了我国饮食文化独特的魅力。比如，粤菜馆曾在全国各地一度盛行，旅游者到各个地方都可以看到粤菜馆，且在招牌上冠以"正宗""特色""地道"等词语，等旅游者兴致勃勃地去吃时，却往往大失所望，完全破坏了中国美食在旅游者心目中的地位。

**4．以品尝佳肴为主，文化韵味不足**

目前，饮食文化旅游资源的开发基本上以品尝佳肴为主，忽视了我国几千年深厚的饮食文化传统。旅游者所看到的往往只是菜肴的色、香、味、形，用完菜后，留下印象的只是一时的美食体验，对菜肴没有深刻的了解。而开发饮食旅游产品的目的应该是让旅游者在体验美食的同时，深刻地感受到中国饮食文化底蕴的无穷魅力。

**5．以享受为主，参与性不强**

品尝美食能令人身体舒服，这主要体现在生理上的享受；而参与食物的制作过程，会更多地满足人们的求知欲和好奇心。因为人们的满足感会更多地体现为心理上的愉悦。遗憾的是，目前国内很多饮食旅游产品呈现在旅游者面前时往往是已经加工完毕的食物成品，旅游者的参与很少，除了一些民俗村有"砸糍粑"活动外，其他几乎没有了。其实，应该利用人们猎奇和休闲的心理，让更多的人参与到饮食的制作中，这不仅能激发旅游者的乐趣，而且可以让旅游者从中感受到地方文化的内蕴。例如，旅游者可通过观看烹饪比赛、茶艺表演，学做地方菜，以及参与美食节、茶文化节、啤酒节、水果节等体验性饮食旅游活动，提升饮食旅游产品的原真性体验。这也有助于提升旅游地的形象。

"2020中国·扬州'烟花三月'国际经贸旅游节开幕式暨'世界美食之都'揭牌仪式"在瘦西湖熙春台举行。扬州围绕"打响新名片"开展为期一个月的丰富多彩的美食节活动，包括：举办"世界美食之都"示范店评选、"扬州非遗食品云展销"；推出名店宣传、名宴品鉴、名师表演、寻味名菜和名点等主题活动，邀请广大旅游者和市民在冶春、西园等扬州名店鉴赏"红楼宴""满汉全席""乾隆御宴"等17席特色名宴，欣赏扬州名厨的精湛绝技，品尝和品味近100道名菜、名点的食材本味和文化典故；评选"百姓喜欢的打包菜"；推出扬香早茶·四大名旦、柳园早茶、绿杨春下午茶、食·春鲜、盐商家宴等系列美食活动，为来往旅游者提供来自"世界美食之都"的味蕾盛宴。

可见，随着人民生活水平的提高，把旅游和餐饮结合在一起的饮食文化旅游，将成为我国吸引外国旅游者和满足我国公民旅游需求的必然趋势。

**6．管理水平不强，宣传营销力度不够**

由于目前饮食文化旅游还处于起步阶段，因此对饮食文化旅游资源进行宣传，展示给旅游者一个整体鲜明的旅游形象就显得尤为重要。在对饮食文化旅游资源进行全面挖掘和整理的基础上，应积极进行产品推介。一是应注重产品的形象设计，包括旅游地的名称、标志、纪念物和从业人员的着装、服务礼仪等，甚至菜单、餐饮器具方面也应体现出相应的地域文化特点。二是可引导学者、餐饮名厨、热心饮食产业的投资者互相结合，巧借地方菜系品牌优势，在影视、动漫、出版、新闻、戏曲、服饰等文化领域拓展空间，推出一批与历史、文化相结合的书刊、音像产品，大力宣传地方美食。

**7．产品具有脆弱性，受旅游业影响大**

饮食文化旅游依托于旅游业，和旅游业的发展息息相关。比如，新型冠状病毒肺炎疫情（简

称"新冠肺炎疫情"）导致文化旅游企业的营业收入大幅下降，发展受到冲击，饮食文化旅游产品也受到影响。《旅游绿皮书：2019—2020年中国旅游发展分析与预测》就指出，新冠肺炎疫情是对中国旅游业的影响范围很广、程度很深的一次冲击。

为应对新冠肺炎疫情对旅游业的影响，应尽快帮助文化旅游企业走出困境，恢复和振兴文化旅游市场，文化和旅游部等应多方发力，推动旅游业的新一轮改革开放和高质量发展；综合考虑旅游业的规模和体量，以及在GDP、就业和居民消费中的占比等因素，制定专门的产业振兴政策。饮食文化作为其中重要的一部分，也将在新冠肺炎疫情后旅游市场的恢复中起着关键作用。新冠肺炎疫情期间，为了提高免疫力，人们饮食有讲究，养成了健康的饮食习惯。未来，健康饮食将给饮食文化旅游带来新的发展机遇。做大饮食文化旅游，要发挥区域特色，促进饮食与旅游、文化、康养等产业融合发展的复合型饮食文化旅游产业。

# 第三节 饮食文化旅游导游

## 天下第一大火锅

2019年11月，"天下第一大火锅"代表重庆火锅参加第二届中国国际进口博览会。直径为10米、高度为1.06米、重达13吨的德庄"天下第一大火锅"被拆分为八个部分装进集装箱，最终在非遗大火锅体验区亮相，向各国的嘉宾展示重庆独特的城市及饮食文化。

"天下第一大火锅"由一红一白两条鱼状图案组成太极鸳鸯锅，外沿四周以黄铜为主要材料，使用浮雕工艺技术。在东、西、南、北四个方位和其间有青龙、白虎、朱雀、玄武及德庄瓦当状徽标浮雕，整体呈现青铜器效果；另有"纤夫图""火锅乐"等名家书法及精美画面配置其间，展现火锅的历史渊源。

据了解，这口创吉尼斯世界纪录的"天下第一大火锅"，每次需要投放火锅底料2 000千克、花椒200千克、辣椒500千克，耗电量达220千瓦·时，可供56人同时用餐。

据悉，作为重庆火锅文化的代表，"天下第一大火锅"并非第一次出征世界级展会舞台，2012年其曾到我国澳门参加了中国饮食业博览会，2015年出席意大利米兰世界博览会，一直致力于向世界传递重庆独特的城市及饮食文化，展示重庆"行千里·致广大"的城市形象。

【想一想】

参加这样的活动对旅游有什么影响？

国家旅游局（已与文化部合并为文化和旅游部）颁布的《导游人员管理条例》称：导游人员是指依照本条例的规定取得导游证，接受旅行社委派，为旅游者提供向导、讲解及相关旅游服务的人员。

根据所使用的语言，导游可分为外语导游、普通话导游、地方语言导游、少数民族语言导游。根据工作类别，导游可分为全程陪同导游、地方陪同导游、景点景区导游、海外领队。

饮食文化旅游导游作为一种专门性的导游，现在大多数情况下由一般导游兼任，还没有形

成一支独立的专门导游队伍，但它自身的特点和重要作用已有所显现。

## 一、饮食文化旅游导游的特点

具有一定的文化知识是做导游的基本条件。这些知识涵盖天文、地理、历史、政治、经济、军事、科学、文化、艺术、建筑、法律、宗教、民俗等。所以人们把导游比喻为"万事通""博学多才的杂家"。因此，饮食文化旅游的导游也必须有以下特点。

### 1．成为饮食文化的专家

饮食文化旅游导游除了应该是一个"杂家"外，还应该成为一名饮食文化的专家，掌握饮食的起源、饮食文化、中国菜点的风味流派、中国菜点的层次构成、中国菜点的美化与审美、中国酒文化、中国茶文化、中国饮食民俗、饮食文化旅游活动等方面的专业知识。

### 2．能说一两种方言

通常而言，都会要求导游使用标准语言。但是目前导游部分地使用方言成了一种不可忽视的潮流。将方言应用于导游有以下四个方面的优点。

（1）生动活泼，鲜明、贴切地传达情感

在讲解内容准确、情感健康的前提下，语言还要力求鲜明生动，言之有神，切忌死板、老套、平铺直叙。例如，旅游者问道："到××景点要多长时间？"导游用四川方言答道："哈哈儿就到！哈哈儿就到！""哈哈儿"就是"一会儿"的意思，就像打个"哈哈儿"一样快，多么形象啊。

（2）故弄玄虚，激发旅游者兴趣

故弄玄虚，指导游在讲解中巧妙、精心地调遣技巧，故意设置疑问，用"停顿""吊胃口"或"卖关子"来营造气氛，使讲解更生动别致、情趣盎然，吸引旅游者。

（3）浅白易懂，妙用口语化语言

导游讲解的内容主要靠口语来传达，口语声过即逝，旅游者不可能像看书面文字那样可以反复阅读。只有当时听得清楚、听得明白才能理解。所以要根据口语"有声性"的特点，采取浅白易懂的口语化讲解。例如，使用苏州方言中形容颜色的"蜡蜡黄"（黄）、"旭旭红"（红）、"碧碧绿"（绿）、"雪雪白"（白）、"霜霜青"（青）、"墨墨黑"（黑）等。

（4）幽默风趣，营造轻松的旅游氛围

幽默风趣的讲解，可以使听者解颐欢笑。在旅游过程中，旅游者大多希望"旅"得轻松，"游"得愉快，导游恰当地运用意味深长的幽默方言，可创造富有活力的语言氛围。例如，湖南方言说"踩一脚"，意思是"停车""等一等"。

一般来说，能够熟练掌握和运用某种方言的导游，往往熟悉该地区的风土人情，能够更好地做饮食文化旅游的导游。

### 3．乐做地陪，乐于提供超常服务

通常来说，饮食文化旅游导游大多由地方陪同导游（简称"地陪"）担任，应当以地陪特有的地地道道的东道主身份和所属地区的特有形式为旅游者提供热情而周到的服务，从而让旅游者真正有"宾至如归"的感觉。超常服务，是指超出旅游者心理感受的服务。超常服务的出现，意味着导游与旅游者之间不再是纯粹的金钱关系，而是充满了人情味的同舟共济关系。

## 二、饮食文化旅游导游的常用讲解方法

旅游界有这样的共识："没有导游的旅行是不完美的旅行，甚至是没有灵魂的旅行。"导游之所以重要，关键就在于其引导和讲解，而引导和讲解的灵魂和核心所在，就是导游技巧和语言艺术。俗话说："祖国山河美不美，全凭导游一张嘴。"这句话充分说明了导游讲解艺术的重要性。

我们伟大的祖国，不仅具有悠久的历史和灿烂的文化，而且幅员辽阔、地大物博，举世闻名的名胜古迹更是不胜枚举，遍及天涯海角。正是这些中华民族的瑰宝，每年都吸引着大量旅游者前来参观、学习、考察、游览。然而，河山之锦绣，风光之绚丽，艺术宝库之内涵，文物古迹之珍贵，如果没有导游富于知识性、艺术性的讲解和说明，旅游者就不可能真正了解这些珍贵旅游资源的重要价值，有的旅游者甚至还会产生"乘兴而来，败兴而归"之感。因此，只有具备了渊博的学识，并能把这些知识艺术性地讲授给旅游者，做到寓教于乐、引人入胜，使旅游者在旅行中兴致常存，才能真正称得上一名合格的导游，其导游讲解才是成功的。

导游讲解是一种艺术性很强的活动，同样的内容，以不同的形式和方法进行讲解，会收到截然不同的效果。根据长期的实践经验，导游和专家们总结出以下常用的导游讲解方法：平铺直叙法、详细描绘法、分段讲解法、点面结合法、虚实结合法、内容升华法、突出特点法、设置疑问法、触景生情法、名人/名句效应法、创新立意法、制造悬念法、引导参与法、类似比较法等。面对如此丰富的方法，目前的主要问题不在于寻找新的方法，而在于如何选择和运用这些方法来做好饮食文化旅游的导游。根据实际工作经验，平铺直叙法、虚实结合法、触景生情法、名人/名句效应法、引导参与法、类似比较法，是饮食文化旅游导游常用的有效讲解方法。

### 1．平铺直叙法

平铺直叙法就是用准确、简洁的语言把景物介绍给旅游者，主要用来讲述某种饮食文化旅游产品的基本情况，讲解时要言辞简洁、准确、严密。

### 2．虚实结合法

虚实结合法就是在导游讲解中将典故、传说与景物介绍有机结合，即编织故事情节的导游手法。也就是说，导游讲解要故事化，以求产生艺术感染力，努力避免平淡的、枯燥乏味的、就事论事的讲解方法。实，就是所谓的实景实物，客观存在的实体；虚，就是与实体有关的传说、故事等。应把二者结合，穿插讲解，以实为主，以虚为辅。例如，讲解杭州断桥时，若能结合白娘子和许仙在断桥上"千年等一回"的故事，一定会显得更加风趣生动。

### 3．触景生情法

触景生情法就是见物生情、借题发挥的导游讲解方法。在导游讲解时，不能就事论事地介绍景物，而应借题发挥，利用所见景物制造意境，引人入胜，使旅游者产生联想，从而领略其中之妙趣。例如，旅游者到西安旅游，当下飞机后从西安咸阳国际机场前往市区的时候，途中，看到一座座陵墓，导游便触景生情地讲道："中国的景观各有特色，北京看墙头，桂林看山头，上海看人头，到了西安，大伙儿看的就是各种各样的坟头。"一席话说得非常形象，给旅游者留下了深刻的印象。

#### 4．名人/名句效应法

名人/名句效应法就是在讲解一个景点时，把与其有关的名人、名句、谚语、俗语、格言等联系起来进行讲解。这不仅能增强讲解的生动性，而且能起到以一当十的作用。比如，在讲解湖北名菜清蒸武昌鱼时，就可以引用毛泽东的诗句"才饮长沙水，又食武昌鱼"。

#### 5．引导参与法

心理参与：导游启发旅游者去思考、判断、琢磨，最后让旅游者自己找到答案。

行动参与：根据讲解内容，引导旅游者参与，让旅游者自己去做，体验讲解的内容。例如，吃饺子前，如果能让旅游者自己动手包饺子就更好了。

#### 6．类似比较法

类似比较法就是用旅游者熟悉的事物来介绍或比喻所介绍的景物或事情，帮助旅游者理解和加深印象。例如，对四川旅游者讲解武汉的热干面时，要与四川的担担面相比较；参观苏州时，可将其称为"东方威尼斯"；讲到梁山伯和祝英台或《白蛇传》中许仙和白娘子的故事时，可以将其称为中国的罗密欧和朱丽叶等。

下面以"品武汉户部巷小吃"导游讲解词为例，看看用到了哪些方法。

### 品武汉户部巷小吃

俗话说，"民以食为天"，到了武汉的第一件事就是要带大家去品尝一下咱们武汉的汉味小吃。现在，我带大家去"过早"。说到这里，有的朋友就会问了："什么叫过早呢？"中国人喜欢说"过年""过节""过生日"，有这个"过"字显得格外隆重。而武汉人把吃早餐称为"过早"，由此可见武汉人对早餐的重视！

游客朋友们，现在我们来到的就是"汉味早点第一巷"——武汉户部巷。由于它毗邻旧时的藩台衙门，而藩台衙门又对口朝廷的户部，所以市民都亲切地称它为"户部巷"。这个长约150米、宽约3米的古巷，地处司门口闹市，交通便利，中华人民共和国成立前就已经名扬"武汉三镇"。这里汇集了东、南、西、北各地的美食，再加上半个多世纪的时间打造的本土品牌，如老谦记牛肉豆丝、谢氏面窝、李记油饼、石婆婆热干面等，绝对有百余种美食。接下来，我就为您推荐几种！

第一个要跟您重点推荐的就是咱们的石婆婆热干面。作为中国五大名面之一的热干面是武汉传统小吃。它既不同于凉面，又不同于汤面。面条都是事先煮熟的，将拌好油的熟面条放入沸水里稍烫，捞起来沥干入碗，撒上各种作料，尤其是加入独家秘方——婆婆家香喷喷的芝麻酱之后，在百米外的巷子口都能闻得到香味！劲道的面条，黄而油润，香而鲜美，诱人食欲。在蒸腾而上的白色烟雾笼罩之下，您细细品尝，满嘴都是青菜的菜香、面条的麦香，以及芝麻酱的酱香。

第二个要跟大家推荐的是不少名人吃过的——三鲜豆皮。三鲜豆皮采用的都是优质的糯米，混合磨浆后摊成皮，包上糯米，撒上鲜肉、鲜菇、鲜笋，然后一起油煎。豆皮的形状必须是方而薄，豆皮的色必须是金而黄，豆皮的味必须是香而醇。整个豆皮的制作过程严格把握"皮薄、浆清、火工正"，这样煎出来的三鲜豆皮才会外脆内软、丝绵爽口！

最后一个跟大家推荐的也是我的最爱——谢氏面窝。这种小吃可是出了武汉就不容易吃到了。因为油炸面窝的铁勺子非常奇特，其直径约为5寸，四周凸起，中间下凹，放入米浆，再

配上一定比例的黄豆浆，撒上细盐、葱花，油炸后两面金黄，外酥内软。曾与汉口集家嘴面窝并称武汉最有名的两大面窝品牌之一的谢氏面窝，最大的特色就是面窝里面夹糍粑，吃起来有油炸面窝和油炸糍粑两种风味，香气逼人，油而不腻！

介绍了这么多，到底哪一款才是您的最爱呢？在户部巷里"过早"，看似匆忙，但是美食任您选，还可以天天换新鲜的，实在是一件爽快的事情。现在您是否已经感受到咱们户部巷小吃的特色了呢？我想啊，用一句话来形容，那就是"汉味早点米当先，户部巷里快热鲜！"

资料来源：杨洁．武汉大学旅行社，2006.7.

我们来看看，该导游在讲解时应用了哪些方法呢？

**1．引导参与法**

在第一段话中，导游先设问，引导旅游者思考"过早"这一问题，然后用"过年""过节""过生日"引导出"过早"一词的重点在"过"字。

**2．平铺直叙法**

第二段话中，为了介绍"汉味早点第一巷"——武汉户部巷这一饮食旅游产品的基本情况，导游采用了平铺直叙法。语言简洁、准确、严密。

**3．类似比较法**

推荐石婆婆热干面时，导游采用的就是类似比较法，把武汉热干面与凉面、汤面相比较。

**4．名人／名句效应法**

为了加深旅游者对三鲜豆皮的印象，导游利用名人效应扩大影响，增强了讲解效果。

可以看出，在短短的1 000字左右的导游词中，导游使用的方法就有引导参与法、平铺直叙法、类似比较法、名人／名句效应法四种。一篇精彩的导游词，一次精彩的讲解，能为一次完美的旅游活动奠定良好的基础，充分体现导游讲解方法的重要性。

 **课后作业**

**一、填空题**

1．中国公认的酒神有_____和_____两位。

2．饮食文化旅游活动包括_____、_____、_____、_____四种类型。

3．在导游讲解中适当使用方言会带来_____、_____、_____、_____四个方面的好处。

4．导游讲解用的引导参与法分为_____和_____两种。

**二、简答题**

1．中国饮食神话人物有哪些？

2．什么是饮食文化旅游？

3．什么是导游的超常服务？

**三、简述题**

1．为什么说《随园食单》在中国饮食文化著述史上是集经验、理论之大成的著作？

2．我国饮食文化旅游开发的现状是什么？

3．饮食文化旅游导游常用的讲解方法有哪些？

四、实训题

模拟讲解本地一种名小吃（内容要求包括菜肴名称、由来、主料和辅料、烹饪方法、色泽、口味、传说故事等）。

五、能力拓展题

1．收集当地名菜和小吃的品名，设计一桌具有地方风味特色的酒席。

2．根据当地饮食文化旅游资源的情况，为外地旅游者设计一个两日游的饮食文化旅游线路。

# 参 考 文 献

[1] 徐文苑. 中国饮食文化概论 [M]. 北京：清华大学出版社，北京交通大学出版社，2005.

[2] 戴伯龙. 细说中华民族 [M]. 北京：中国三峡出版社，2006.

[3] 于童蒙. 中国节 [M]. 北京：中国纺织出版社，2007.

[4] 邓永进，薛群慧，赵伯乐. 民俗风情旅游 [M]. 昆明：云南大学出版社，2007.

[5] 吴澎. 中国饮食文化（第 2 版）[M]. 北京：化学工业出版社，2014.

[6] 汪曾祺. 故乡的食物 [M]. 南京：江苏文艺出版社，2014.

[7] 谢定源. 中国名菜（第二版）[M]. 北京：中国轻工业出版社，2016.

[8] 杜莉，姚辉. 中国饮食文化（第 2 版）[M]. 北京：旅游教育出版社，2016.

[9] 贺正柏. 中国饮食文化 [M]. 北京：旅游教育出版社，2017.

[10] 王学泰. 华夏饮食文化 [M]. 北京：商务印书馆，2017.

[11] 宋锐. 茶艺与调酒技艺（第 3 版）[M]. 北京：电子工业出版社，2018.

[12] [ 清 ] 袁枚，著. 随园食单 [M]. 张万新，译. 北京：中信出版社，2018.

[13] 金洪霞，赵建民. 中国饮食文化概论（第二版）[M]. 北京：中国轻工业出版社，2019.

[14] 梁实秋. 雅舍谈吃 [M]. 北京：中国妇女出版社，2019.

华信SPOC官方公众号

欢迎广大院校师生 **免费**注册应用

www.hxspoc.cn

# 华信SPOC在线学习平台

专注教学

教学课件
师生实时同步

数百门精品课
数万种教学资源

多种在线工具
轻松翻转课堂

电脑端和手机端（微信）使用

测试、讨论、
投票、弹幕……
互动手段多样

一键引用，快捷开课
自主上传，个性建课

教学数据全记录
专业分析，便捷导出

登录 www.hxspoc.cn 检索 华信SPOC 使用教程 获取更多

华信SPOC宣传片

教学服务QQ群： 1042940196
教学服务电话：010-88254578/010-88254481
教学服务邮箱：hxspoc@phei.com.cn

 电子工业出版社.
PUBLISHING HOUSE OF ELECTRONICS INDUSTRY 华信教育研究所